고민하는 아이,
응답하는 부모

아이의 생각과 자존감을 키우는 대화와 글쓰기

고민하는 아이, 응답하는 부모

초판 1쇄 발행 2017년 1월 10일

지은이 한귀은
펴낸이 권미경
편 집 박주연
마케팅 심지훈
디자인 이석운, 김미연
일러스트 고수영
펴낸곳 (주)웨일북
등록 2015년 10월 12일 제 2015-000316호
주소 서울 마포구 월드컵북로4길 30, 202호
전화 02-322-7187 팩스 02-337-8187
메일 sea@whalebook.co.kr 페이스북 facebook.com/whalebooks

ISBN 979-11-956771-7-7 13590

소중한 원고를 보내주세요.

좋은 저자에게서 좋은 책이 나온다는 믿음으로, 항상 진심을 다해 구하겠습니다.

이 도서의 국립중앙도서관 출판예정도서목록(CIP)은 서지정보유통지원시스템 홈페이지(http://seoji.nl.go.kr)와 국가자료공동목록시스템(http://www.nl.go.kr/kolisnet)에서 이용하실 수 있습니다.(CIP제어번호: CIP2016030589)

고민하는 아이

아이의 생각과 자존감을 키우는 대화와 글쓰기

응답하는 부모

한귀은 지음

whale books

· 프 롤 로 그 ·

스마트폰을 내려놓고
글쓰기가 시작되었다

우리는 잊고 있다.

십 대에게도 삶이 있다는 것을.

십 대는 미래를 준비만 하는 시기가 아니다.

준비만 하면 미래는 없다.

'현재의 나'로서 살고, 사유하고, 실천해야 미래가 있는 것이다.

내 아이가 달라지면서

이 책을 낼 수 있게 되었다.

이 책의 일차 수혜자는 나와 내 아이다.

대한민국의 십 대들과

그들의 부모와 교사들에게도

이 마음이 번지기를 바란다.

이 책은 아이의 질문과 부모의 대답으로 이루어져 있지 않다.
아이의 고민과 부모의 응답으로 되어 있다.
부모가 일방적으로 해결책을 제시하는 것이 아니라
아이의 고민에 감응하는 마음으로 이루어져 있다.
아이와 부모는 함께 고민하고 서로 응답하며
더불어 성장한다.

이기적인 의도로 시작한 책이다.
내 아이를 가르치기 위함이었다.
이 이기심을 지키는 것이
다른 부모들에게 진실을 전하는 힘이 되리라 생각했다.
부모와 아이, 그 관계에서는
이기와 이타가 흔연히 섞이는 법이다.

이 책은 한 번의 통역과정을 거쳤다.
처음 완성된 원고는
온전히 아이에게 건네는 말의 형식으로 되어 있었다.
육성을 담고 싶어서였다.
내 아이를 향한 발화가
다른 부모의 발화에 겹쳐지기를 바라서였다.

첫 번째 원고가 완성되고 나서야 깨달았다.

내 육성이 다른 부모의 육성과 같을 수 없으며,

내가 할 수 있는 일은

말이 되기 이전의 생각과

말이 된 후의 성찰을 담는 일이라는 것.

그래서 원고의 대부분을

'단순한 말'에서

'복잡한 성찰'로 통역해야 했다.

이 책이 아이에게 한 말로 시작하여

부모의 생각을 건드리는 글로 구성된 것은 이 때문이다.

만약 지금 죽어 저 세상 가서

너, 뭐하다 왔니? 라는 질문을 받는다면

어떤 대답을 하게 될까.

"아이를 키우다 왔습니다."

그럴 것 같다.

십 년쯤 뒤 죽어 똑같은 질문을 받게 된다면

대답은 달라질 것이다.

뭔가 세상을 위한 일을 하다 왔다고 말할 수 있었으면 좋겠다.

세상을 좀 더 아름답게 할 수 있는 작은 일.

큰일은 안 된다.

할 능력도 없다.

큰일은 혼자 하는 것이 아니다.

여러 이권과 욕망이 얽힌다.

아름다운 일만 할 수 있는 게 아니고

아름답지 않은 것들을 묵과해야 할 때도 있다.

그러니 아름답지만 작고

표나지 않는 일.

그런 일을 하다가 이 세상을 떠났으면 좋겠다.

◆ ◆ ◆

내 고민에 자기 식대로 응답해주는 내 아이,

사랑으로 지켜봐주시는 부모님,

늘 공감 어린 조언을 해주시는 이광국 선생님,

읽기 능력이 탁월한 웨일북 권미경 대표님께

감사의 마음을 전합니다.

차례

PART 1

아이는 지금, 어디에 있을까

Chapter 1
공부

공부는 왜 할까

'공부를 왜 해야 하는가' 고민하기 전에 '공부가 무엇인지'부터 생각해 봐야 한단다. 공부가 무엇인지 정의하지 않으면 그 고민은 헛돌고 말아. 만약 '공부'를 성적을 잘 받기 위한 문제집 풀기로 생각한다면, 고민에 대한 답은 우울할 뿐 아니라, 너 자신이 내린 답이 아닌 것처럼 느껴질 거야.

다른 누군가가 되려 하지 말고, 너 자신이 되어야 한단다. 그건 남보다 공부를 잘하고, 남보다 빨리 달리고, 남보다 일찍 일어나고 늦게까지 깨어 있어야 하는 게 아니란다. 질문이 항상 너 자신을 향하게 해야 해. 네가 공부에 대해 어떤 태도를 갖고 있는지, 어떤 식으로 하루하루를 생활하고 있는지, 잘 자고 기운차게 생활하고 있는지 생각해야 한단다.

◆ ◆ ◆

요즘 학원을 대여섯 곳씩 다니는 아이들이 있다. 이 시대 병리적 증상 중 하나다. 미래를 위해 현재를 희생해야 한다는 논리는 참으로 위험하다. 인간이 느끼는 행복은 지극히 현재적이기 때문이다. 미래에 대한 '희망' 때문에 행복하다는 착각에 빠지기도 한다. 여러 학원에 억지로 다니는 것은 미래에 대한 희망이 아니라, 미래에 대한 선입견 때문에 현재를 '억압'하는 것이다.

더 무서운 것은, 현재를 억압하는 행동은 습관이 된다는 거다. 일종의 관성이다. 성인이 되어 안정적인 지위에 오르고 경제력이 생겼음에도 불구하고 미래를 위해 현재를 억압하는 습관이 지속된다. 그 사람은 평생 '행복'이란 걸 모르고 살게 되지 않을까. 나아가 일정한 지위에 오르지 못한 사람을 무시할지도 모른다.

삶의 목적은 단순한 행복이 아닌 성숙한 행복이다. 스스로 성숙해지고 가치 있는 행복을 추구해야 한다. 혼자만 잘 먹고 잘사는 것이 아니라 내 가족, 내 이웃, 내 동료와 함께 행복해야 한다. 행복은 부메랑 같은 거라서, 내가 전파하면 다시 내게로 돌아온다.

그렇다면 내 아이에게는 어떤 공부가 필요할까. '나 자신'과 '나의 세계'에 대한 공부가 필요하다. 그렇다고 학교에서 하는 공부를 배척해서도 안 된다. 어떤 학교 공부는 나와 세계를 더 잘 알도록 해준다. 단순히 시험을 위해 암기하지 말고, 그 공부를 통해 자신이 성숙할 수 있도록 해야 한다.

나 또한 이렇게 생각하기까지 어지간히 긴 시간이 필요했다. 공부를 웬만큼 했던 부모들이 다 그런 것처럼, 나도 내 아이가 공부를 잘하지 못 한다는 것이 이해되지 않았다. 이 세상에서 제일 쉬운 게 공부는 아니지만, 공부만큼은 배신하지 않는다고 생각했다.

살아가면서 노력한 만큼 성과를 얻을 수 있는 건 별로 없다. 열심히 사랑한다고 그 사람이 나를 사랑하게 되는 것도 아니고, 최선을 다해 다이어트를 해도 요요현상으로 돌아오기도 한다. 하지만 적어도 공부는, 한 만큼 되돌려준다. 한 만큼 정확한 수치의 성적으로 되돌려주는 그걸, 왜 못한단 말인가.

나는 그만큼 어리석었다. 사실, 성적이 좋다고 인생이 좋아지는 것도 아니다. 한국에서 성적이라는 것은 대체로 자기 극기를 통해, 아주 비정상적이고 극단적인 금욕을 통해서만 얻을 수 있다. 그리고 청소년 시기에 그러한 극기와 금욕 생활을 한 사람은 사회에 나가서도 재밌는 삶을 갖기 어렵다.

거기서부터 시작되었다. 성적이 정말 가치 있는 것인가, 어떻게 하면 내 아이가 '좋은 사람'이 되도록 도와줄 수 있을까, 어떻게 해야 아이의 행복이 나의 행복이 될 수 있을까, 아이와 내가 함께 성장하며 행복할 수 있는 방법은 무엇일까, 고민하기 시작했다.

《공부의 배신》이라는 책을 발견했다. 예일대학 영문학 교수였던 윌리엄 데레저위츠가 쓴 책이다. 데레저위츠는 예일대 학생들조차 창의적이거나 비판적이지 않고, 스스로 생각하지 못한다는 사실을 깨달았다. 학교가 학생들을 '똑똑한 양 떼'로 만들고 있었다.

똑똑한 양 떼란 말은 아이러니하다. 똑똑한 양 떼가 되려면 생각을 하지 말아야 한다. 앞에 있는 양만 따라가면 되기 때문이다. 저쪽에 뭐가 있을까, 시간이 얼마나 지났을까, 앞으로 얼마만큼 더 가야 할까, 다친 애는 없을까, 힘들어하는 애는 없을까, 그런 생각을 하면 똑똑한 양이라고 할 수 없다. 오로지 자신을 억압하고 양치기에 순응해야만 똑똑한 양이 되는 것이다. 이때 갑자기 천재지변이 일어난다면? 양치기가 사라진다면? 생각할 줄 몰랐던 양들은 어떻게 될까? 우왕좌왕할 것이다.

지금 우리의 교육 시스템은 성적으로만 개인의 능력을 평가한다. 그렇다면, 성적이 높으면 공부를 잘하는 걸까? 흔히 그렇게들 생각한다. 하지만 성적은 성적이고, 공부는 공부다. 성적은 학교 교재를 성실하게 학습하여 정량적으로 평가받은 것이고, 공부란 가치 있는 지식과 문화를 탐구하고 자신의 잠재능력을 계발하는 모든 행위를 일컫는 말이다. 진정한 공부는 정량적 평가가 불가능하다.

학교 교재와 공부가 겹치는 부분도 있다. 가령, 중학교 도덕 교과서에 '도덕적 상상력'이란 개념이 있다. 도덕적 상상력은 지식 습득에 한정되지 않는다. 도덕적 상상력은 살아가면서 필요한 것이다. 내가 아닌 다른 사람을 이해하기 위해서는 상대의 어려움을 민감하게 받아들이고 상대방의 처지와 입장을 헤아려야 한다. 또한 그 사람에게 도움되는 다양한 행동을 상상하고 예측해야 한다. 이 상상이 바로 도덕적 상상력이다. 아주 소중한 도덕적 능력이다.

도덕적 상상력은 철학자 마크 존스가 강조한 개념인데, 나 또한 논문을 쓰면서 이 개념을 언급한 적이 있다. 이렇게 중학교 교과서와 학술 논문이 만나기도 하는 것이다.

만약 도덕적 상상력이 없다면 부모와 자식 관계도 어긋나기만 할 것이다. 언젠가 내 아이에게 화가 나서 이렇게 말한 적이 있다.

"너는 정말 내 스타일 아니야."

그때 내 아이는 정확히 응수했다.

"엄마도 내 스타일 아니에요."

그렇다, 서로 이렇게 다르다. 만약 도덕적 상상력이 없었다면 나와 내 아이는 얼마나 서로를 원망하고 미워하겠는가. 다행히 나와 내 아이는 난처하지 않을 만큼의 도덕적 상상력이 있어서, 서로가 '다름'을 이해하고 온갖 상상력을 동원해서 상대의 입장을 해석한다.

도덕적 상상력만이 아니다. 교과서에는 우리가 생각하고 있는 것보다 더 많은 소중한 지식과 이야기, 가치 있는 글이 들어 있다. 언젠가 나는 아이가 시험 공부를 할 때, 슬쩍 다가가서 교과서를 펼쳐 본 적이 있다. 토론 거리가 될 만한 것들이 제법 있었다. 물론 토론하려 들었다가 시험 공부에 방해된다고 원망을 듣긴 했지만, 가끔 생각날 때면 교과서에서 본 것으로 아이와 대화를 끌어내기도 한다.

아이가 역사 공부를 한다고 인터넷으로 교육방송을 듣고 있을 때에도 물었다.

"그 교육방송이 너의 역사의식을 키워주니? 단순히 외우기만 하는 역사 공부는 좀 곤란해."

물론 아이는 이 또한 잔소리로 여길 것이다. 하지만 의미 있는 잔소리는 꽤 효율적인 주입식 교육이 되기도 한다.

성적이 의미하는 것이 뭘까

성적이 반드시 좋아야 하는 건 아니란다. 괜한 말처럼 들리니? 진심이란다. 그럼 지금까지 왜 공부하라고 다그쳤냐고? 그래, 공부하라고 다그쳤지. 하지만 그때의 공부는 가치 있는 걸 몰입해서 하라는 의미야. 동시에 자발적으로 하라는 의미지. 그게 시험 공부일 수 있고, 영화나 미술, 음악 공부일 수도 있어. 혹은 글쓰기를 잘하기 위한 공부이거나, 애니메이션이나 웹툰을 비평하는 공부일 수 있고, 과학 실험일 수도 있단다.

버락 오바마의 딸 말리아는 대학에 입학하기 전에 '갭 이어Gap Year'를 갖기로 했대. 대학에 들어가기 전에 자신이 하고 싶었던 공부나 여행, 봉사활동을 하는 거지. 너도 이번 방학에 갭 시즌을 가져보면 어떨까. 시험 공부에서 벗어나서 네가 하고 싶은 것이 무엇인지 생각하고, 하나씩 실험해보는 거야.

◆ ◆ ◆

2012년 대통령 선거가 있었을 때, 후보 중 한 사람이 이런 공약을 내세웠다. 중학교 2학년 학생들이 1년 혹은 한 학기 동안 교과 공부와 시험 부담에서 벗어날 수 있도록 교육과정을 바꾸겠다고. 그 기간은 시험 없이 학생들이 자기 자신의 능력이나 적성을 탐색할 수 있도록 해주겠다는 공약이었다.

그 아이디어는 아일랜드의 '전환 학년Transition Year 제도'를 벤치마킹한 것이다. 아일랜드에서는 한국의 고등학교 1학년에 해당하는 17세 학생들이 1년 동안 휴식하면서 자신의 꿈과 미래를 고민해보는 시간을 갖는다. 부모로서 부러운 일이지만, 만약 한국에 아일랜드의 전환 학년제를 그대로 가져온다면, 1년 동안 사교육이 더욱더 기승을 부리게 될지도 모를 일이다.

이런 폐해를 예상해서인지 2016년부터 중학교 전체에 '전환 학년제'가 아닌 '자유 학기제'가 시작되었다. 중학교 과정 중 1학기 동안은 시험 부담 없이 토론·실습·체험학습 위주로 수업한다. 문제해결 수업이나 프로젝트 수업을 하고, 자기주도학습 능력을 배양하고, 진로 탐색 활동이나 동아리 활동을 더 많이 하고…….

그렇다, 늘 들어온 말이다. 오히려 부담이 더 늘었다고 생각할 수도 있다. 하지만 아일랜드 전환 학년제가 정착하는 데 40년 이상이 걸렸다고 하니 우리도 좀 더 기다려봐야 그 효과를 알 수 있을 것이다.

세상은 확실히 변하고 있다. 세상의 변화에 교육의 변화가 따라가지 못하고 있는 것도 사실이다. 더 이상 시험 성적이 좋다고 원하는 직업을 가질 수 있는 시대가 아니다. 스펙이 좋다고 높은 연봉을 받을 수 있지도 않다.

어떤 직종이나 직업에는 최적화된 특별한 인재가 필요하다. 그 최적화된 인재의 조건은 미리 정해져 있지는 않다. 가령, A기업에서 인재를 뽑는다고 하자. A기업에서 요구하는 인재상이 있을 것이다. 기대되는 몇 가지 조건도 있을 것이다. 하지만 기업은 그 이상을 원한다. 자신들이 미처 상상도 할 수 없었던 매력적인 인재를 꿈꾼다. 좋은 기업일수록 그런 상상력과 열린 마인드가 있는 법이다. 그렇기 때문에, 직장에 자신을 맞추는 것이 아니라 오히려 자신의 적성과 능력을 계발하고 그 적성과 능력을 최대치로 쓸 수 있는 직장을 찾아야 한다.

요즘은 미래 전망이 좋은 직업군을 좇는 사람들이 더 많아졌다고 한다. 학자들은 미래가 급변할 거라고 말한다. 특히 미래학자 토마스 프레이는 2030년까지 전 세계 일자리 40억 개 중 절반이 없어지고 26억 개의 새로운 일자리가 생긴다고 했다. 부모들은 자기 아이를 미래 사회의 새로운 인재로 만들기 위한 방법을 찾고 있다.

새로운 일자리란 인공지능이나 로봇, 3D 프린터, 사물인터넷, 드론,

빅데이터 등과 관련된 직업을 말한다. 단순노동이나 자동화로 처리될 수 있는 업종은 사라진다. 사무행정직이나 생산직도 없어진다는 전망이 있다(많은 부모와 아이가 원하는 사무행정직 공무원은 어떻게 될까). 세계경제포럼에서는 2021년에 로봇 서비스가 대중화되고, 2023년에는 빅데이터에 의해 의사결정이 이루어지고, 2026년에는 스마트시티가 실현된다고 발표했다.

그렇다면 없어질 일자리, 새로 만들어질 일자리를 다 조사해서 내 아이에게 가장 잘 맞는 일자리를 찾으면 될까? 아니다. 오히려 그건 아주 비효율적인 일이다. 어떤 직종이 사라질지, 어떤 직업이 새로 만들어질지는 아무도 모르는 일이다.

그런 중에도 사람들은 앞으로 빅데이터나 코딩 관련 직업은 전망이 좋을 거라고 입을 모은다. 그 때문에 컴퓨터나 코딩을 열심히 배우는 아이들도 있다. 하지만 빅데이터와 코딩 관련 직업을 얻기 위해서 아이들이 '지금' 빅데이터와 코딩 교육을 받아야 할까? 컴퓨터나 코딩은 앞으로도 많이 바뀔 텐데? 단순한 기술을 익히는 게 능사가 아니라는 것이다.

빅데이터 자체보다 더 중요한 건 빅데이터 해석과 사용 능력이다. 빅데이터를 잘 해석하고 사용하는 능력은 궁극적으로 인간과 인간사를 이해하고 해석하는 능력이다. 코딩도 마찬가지다. 무엇을 코딩해야 할 것인가, 어떻게 코딩해야 할 것인가를 결정하는 일에는 삶과 인간에 대한 통찰력이 전제된다. 그야말로 인문학적인 능력이 필요한 것이다. 아이들의 미래를 위해서라면 다름 아닌 소통하는 능력, 이해하는 능력, 공감하는 능력 그리고 인간적인 여유를 길러주어야 한다.

지금 아이들에게 필요한 것은 다른 게 아니다. 친구들과 소통하고, 좋은 책을 읽고, 좋은 음악을 듣고, 아름다운 이미지를 접하면서 감동하고, 자기 생각을 글로 옮겨보고, 재미있는 프로그램이나 텍스트가 있으면 그걸 나름대로 연구해보기도 하는, 그 모든 활동이다.

오바마의 딸 말리아가 하버드대 입학 전에 갭 이어를 갖기로 했다는 사실도 우리에게 퍽 고무적으로 다가온다. 하버드대에서는 말리아의 선택을 긍정하면서 다른 학생들에게도 갭 이어를 권유하고 있다. 재밌는 슬로건도 내걸었다. '차세대, 소진Burn out할 것인가, 휴식Time out할 것인가' 차세대가 한걸음 물러나 목표를 성찰하고, 주위의 기대와 압력에서 독립해 인생을 경험하는 일이 매우 가치 있다고 공언한 것이다.

아이에게 방학 기간만이라도 '전환 기간' 혹은 '갭 시즌'을 갖게 하면 어떨까. 시험 공부에서 벗어나 아이가 하고 싶은 것이 무엇인지 찾아보고, 하나씩 실험해보는 시간을 갖는 것이다. 아마 시험 공부를 하는 것보다 훨씬 더 힘들 것이다. 암담하게 여겨질 수도 있고, 무엇을 먼저 해야 할지 아득해지기도 할 것이다. 시작하기도 전에 아이와 부모 모두에게 슬럼프가 올 수도 있다.

하지만 그 또한 너무 잘하려고 해서 생기는 현상이다. 잘 안 되면 조금 쉬어도 된다.

'멍 때리기'도 괜찮다. 멍 때리기란 아무런 인지 활동을 하지 않는 것을 말한다. 뇌과학자 마커스 라이클은 아무런 인지 활동을 하지 않을 때도 뇌의 안쪽 전전두엽과 바깥쪽 측두엽, 두정엽은 활성화된다는 연구 결과를 발표했다. 이 부위를 DMNDefault Mode Network이라고 하는데, 이 DMN이 활발해지면 뇌의 혈류 흐름이 증가하면서 아이디어 생성이나 창의력 발휘에 도움이 된다. 그렇지 않은가. 가끔 멍하니 있는 시간에 잊고 있던 뭔가가 갑자기 떠오르는 유레카 모멘트Eureka Moment를 경험하기도 했을 것이다.

미래에 대한 지나친 걱정은 과잉 생각일 뿐이다. 지금은 전문직 종사자들조차 신병훈련소Boot-Camp에서 살아남은 생존자처럼 공허해 보이는 경우가 많다는 말도 있다. 사람들이 이 세상을 경쟁의 시스템으로 바라보기 때문이다. 아이가 학교를 경쟁의 구도로 느끼고 경쟁에서 살아남아야 한다고 생각한다면, 명문대에 들어가거나 대기업에 입사해도, 삶을 꾸준히 경쟁의 과정으로 받아들이게 될 가능성이 높다.

아이가 이 세상을 부트 캠프가 아니라 베이스 캠프라고 여길 때, 자기 역량을 마음껏 펼칠 수 있다. 그리고 그 베이스 캠프에는 부모가 떡하니 버티고 있어야 한다.

지금 내 아이가 가치를 발견하기 위해 노력하고, 서로 사랑하고 소통하고 공감하면서 그 속에서 행복과 아름다움을 느낄 수 있다면, 미래에도 그런 어른이 될 수 있다.

반드시 좋은 대학에 가야 할까

틀린 답이 있듯이, 틀린 질문이 있단다. '반드시 좋은 대학에 가야 할까?'라는 질문은 틀렸어. 이 질문은 우리 스스로가 만든 질문이 아니라 강박관념에서 비롯된 질문이니까.

'좋은 대학'이란 표현도 어폐가 있단다. 좋은 대학 하면 생각나는 몇 개의 대학이 있지만, 그 대학의 어떤 부분이 좋은지 제대로 판단하고 있지 않기 때문이지. 교수진이 좋은지, 교육시설과 환경이 좋은지, 다양한 동아리 활동이 가능한 곳이라서 좋은지, 미래를 준비할 수 있는 프로그램이 많아서 좋은지 등등. 대부분 그런 조건에 관해서는 생각하지 않잖니? 단지 높은 점수로 갈 수 있는 대학을 좋은 대학이라고만 생각하지. 그리고 그런 대학을 나오면 다른 사람들의 시선이 달라진다고 여기기도 하고.

성적 상위권 대학이 좋은 대학이라고 단정 지을 수는 없어. 왜냐하면,

사람마다 자신에게 적합한 대학이 다르기 때문이야. 좋은 대학이란 상대적이고 주관적인 거야.
진짜 좋아하는 공부를 할 때는 가슴이 떨려. 몰랐던 무엇인가가 내 앞으로 다가오면서 선명해지는 느낌이 생기지. 이상형이 먼 곳에서 서서히 다가오는 느낌과 비슷하다고까지 말할 수는 없더라도, 그런 느낌의 50% 정도는 된단다. 사실, 그런 이상형을 만날 가능성이 우리 삶에서 그렇게 많지 않아. 그렇다면 그 50%도 정말 큰 설렘이겠지? 그게 네가 좋아하는 공부라면 얼마나 큰 행운일까? 그것은 성적 상위권 대학에 입학해 그 자체에 자족하는 것보다 훨씬 더 의미 있는 거란다.

◆ ◆ ◆

성적 상위권 대학을 나왔을 때 사람들의 시선이나 평가가 달라지는 건 어쩔 수가 없다. 또한, 살아가는 데 겪어야 할 불편함을 덜 겪기도 한다. 물론 살아가면서 통과하게 되는 많은 관문을 조금 덜 힘들게 통과할 '가능성'이 생기는 것뿐이다. 어느 관문을 통과할 수 있는 입장권까지는 아니지만, 일종의 쿠폰 정도의 역할인 건 사실이다.

부모로서는 '아이가 상위권 대학을 나오면 사는 게 좀 편해지지 않을까.' 같은 생각을 하릴없이 한다. 내 아이가 인생을 덜 힘들게 살길 바라는 부모의 마음을 부정할 수는 없다.

우리 주위에는 성적 상위권 대학에 다니고, 그 대학을 졸업했다는 사실 하나만으로 자신을 자랑스럽게 여기는 사람도 있다. 그런 사람들에게 출신 대학은 오히려 덫이 되기도 한다. 출신 대학을 자랑하는 것은 유치한 우월의식이다. 차라리 그 대학을 나오지 않았다면, 타당하지 못한 우월의식이 아니라 공정한 시선을 갖출 수 있었을지도 모른다.

'펜 페이스 증후군Penn Face Syndrome'이란 말이 있다. 미국 펜실베이니아 대학에서 13개월 동안 여섯 명이 자살한 사건으로 생긴 말이다. 명문이라고 알려진 대학교의 학생들은 왜 자살했을까.

대학에서 자신보다 훨씬 더 뛰어나고 행복해 보이는 사람들을 매일, 매시간 보게 되면서 열등감을 느꼈기 때문이다. 특히 SNSSocial Network Service를 통해 수시로 확인하게 되는 친구들의 매력적인 얼굴과 생활이 그들의 우울감을 부추겼다. 하지만 우리는 안다. SNS에 올리는 얼굴은 결코 민낯이 아니라는 걸. 펜실베이니아 대학의 학생들도 알았을 것이다. 다 알면서도 다른 사람의 화려한 이미지를 보고 열등감과 박탈감을 느꼈던 것이다.

그들이 명문대에서 열등감과 박탈감을 느낀 건, 고등학교 때까지 스스로 선택하고 결정한 경험이 없었기 때문이다. 실패와 좌절의 경험도 없었을 것이다. 부모들이 아이에게 닥쳐올 장애물이나 걸림돌을 미리미리 알아서 처리해주었기 때문이다. 아이의 성적도 관리해주고, 사교육도 알아봐주고, 무엇을 배우고 언제 쉬어야 할지도 다 정해주면서 아이 주변을 세팅해주었던 거다. 이런 부모를 일컬어 '잔디 깎기 부모'라고도 한다. 상상해보라. 아이 앞에 놓인 잔디를 깎는 부모를. 이렇게 해서 명문대에 간들, 무슨 의미가 있을까.

진짜 문제는 명문대에 들어간 다음 벌어진다. 대학에 들어가 보니 자기 눈앞에 완벽한 사람들이 있다. 공부를 잘하는데 놀기도 잘하고, 영어 발음도 뛰어나고, 외모와 매너도 좋은데 착해 보이기까지 하는 사람들. 자신은 최선을 다해도 이루지 못한 것들을 그 사람들은 그냥 쉽게 해버리는 것 같아 열등감이 생긴다. 펜 페이스 증후군은 이렇게 만들어진다.

진정으로 뛰어난 사람은 남과 비교하지 않는다. 남에게 시선을 두고 자신을 남의 시선으로 바라보는 순간, 자신의 진정한 가치를 잊게 된다는 것을 그들은 잘 알고 있다.

부모는 아이가 자신에게 맞는 대학에 갈 수 있게 도와야 한다. 아이 스스로 자신에게 맞는 대학이 어떤 대학인지 생각해보게 해야 하고 아이가 어떤 능력을 더 계발하고 싶어 하는지, 어떤 공부를 할 때 가장 몰입하고 흥미진진해하고 가슴 떨려 하는지, 함께 이야기해보아야 한다.

함께 공부하는 것도 좋은 방법이다. '이 나이에 어떻게 공부를 다시……' 하는 생각이 들지도 모르겠다. 하지만 새로운 것을 접하면 설렘이 따라오기 마련이다. 설렘은 젊음도 준다. 그냥 하는 말이 아니다. 설렘은 도파민과 엔도르핀이라는 호르몬을 만드는데, 이 호르몬은 사람을 더 건강하고 젊어지게 만들어준다. 좀 더 나아가서 다이돌핀이란 호르몬이 있는데, 이 호르몬은 엔도르핀보다 4,000배 이상 강력하다. 이 다이돌핀은 깨닫거나 감동할 때 나온다고 하니, 공부를 통해 새로운 깨달음을 얻고 더불어 젊음도 갱신해볼 일이다.

그 점에서는 공부보다 사랑이 나을지도 모른다. 철학자 안병욱 교수는 94세까지 살았는데, 자신의 건강과 젊음의 비결을 '공부', '여행', '연애'로 꼽았다. 여행도 공부와 마찬가지로 새로운 것, 몰랐던 것을 마주하는 과정이지 않은가. 연애나 사랑도 물론이고. 하지만 사랑은 혼자 하는 게 아니다. 그러니 혼자서도 할 수 있는 공부가 인생의 대안이 될 수도 있을 것이다.

어떤 공부를 해야 할까

'혁오'라는 밴드를 알지? 원래 마니아들 사이에서 힙스터(Hipster, 대중 흐름에 휩쓸리지 않고 자신들만의 고유한 예술을 추구하는 부류)라고 알려졌는데 〈무한도전〉에 출연하면서 대중성을 추구한다고 비난을 받았지.

한 인터뷰어가 혁오의 리더 오혁에게 물었어. 스스로를 힙스터라고 생각하냐고. 오혁은 이렇게 말했단다. "일단 저희는 힙스터가 아니에요. 사실 힙스터는 그들의 유행만을 좇을 뿐 만들어내지는 못하죠." 그러면서 하나의 스타일로 자기들의 음악을 특정 짓고 싶지 않다는 말도 덧붙였지.

갑자기 왜 오혁 애기냐고? 오혁은 한 프로그램에서 자신이 계속 공부하고 있는 것, 앞으로도 계속 공부할 것이 '철학'이라고 했단다. 왜 철학을 공부하냐 물으니까, 너무 어려워서 죽을 때까지 계속할 수 있을 것 같기 때문이라더구나.

◆ ◆ ◆

흔히 성적을 높이기 위해서는 반복 학습이 중요하다고 한다. 한국의 시험은 많이 알고 깊이 이해하는 것이 아니라, 실수하지 않는 것이 중요해 보인다. 실수의 가능성을 최소화하는 것이 공부라고 잘못 인식되고 있는 것이다.

언젠가 내 아이가 '동짓달 기나긴 밤을'으로 시작하는 황진이 시조의 의미를 외우는 것을 보고 안타까워한 적이 있다. 이해하면 된다고, 연인을 그리워하는 사람의 심정을 헤아려보면 된다고 말했지만, 아이는 시험문제를 틀리면 안 된다고, 정확히 답을 써야 한다면서 굳이 시와 그 시구의 의미를 몇 번씩 반복해서 외우고 있었다.

또 한 번은 교과서에 나온 황지우의 시 〈너를 기다리는 동안〉에서 '너'를 '민주화'라고 써놓고 그걸 암기했다. 아이는 아름다운 시를 감상할 기회를 빼앗긴 것이다.

부모도 성적을 높이고 싶어 하는 아이의 마음을 이해한다. 하지만 그 전에 아이가 문학작품을 느끼고 감상하게 해주는 것이 더 중요하다. 정확하게 외우지 못해서 틀렸다 해도 아이가 그것을 대수롭지 않게 생각하는 대범함도 지녔으면 좋겠다. 인생은 몇 점 차이로 행幸과 불행不幸이 구획되는 시시한 것이 아니니까.

'공부를 어떻게 해야 하는가'라는 질문을 '시험 공부를 어떻게 해야 하는가'라는 질문으로 좁힐 것이 아니라, '의미 있는 공부를 어떻게 해야 하는가'로 이끌어야 한다.

황지우의 〈너를 기다리는 동안〉을 감상한다면 이 시구에서 가슴이 떨리지 않을 수 없다.

네가 오기로 한 그 자리
내가 미리 와 있는 곳에서
문을 열고 들어오는 모든 사람이
너였다가
너였다가, 너일 것이었다가
다시 문이 닫힌다

이 시의 마지막 "너를 기다리는 동안 나는 너에게 가고 있다"라는 부분으로 내려오면 묘한 역설적 진실을 보게 된다. 너무 간절하게 기다리다 보면, 기다리는 그 사람이 반드시 올 것이라는 희망을 놓치지 않게 된다. 희망을 끝까지 품다 보면, 그 기다림의 시간까지 소중하고 의미 있게 느껴져서 오히려 그 시간이 짧게 느껴지지 않던가. 희망이 두 사람의 거리를 좁혔기 때문이다. 그 때문에 내가 그 사람에게 가고 있는 듯한 느낌이 든다. "너를 기다리는 동안 나는 너에게 가고 있다"라는 역설이 여기에서 태어난다.

황지우의 삶과 시인이 〈너를 기다리는 동안〉이라는 시를 쓸 때의 상황을 생각해보면, 시 속의 '너'가 '민주화'라고 해석되는 것도 이해가 된다. 하지만 이때의 '민주화'도 관념적 차원의 '민주주의화'라는 뜻이 아니라, 모든 사람이 공정한 세상 속에서 힘차게 살아가는 세상 자체를 뜻한다. 다시 말해, 이데올로기가 있는 국가적 차원에서의 민주주의화가 아니라, 고통받으며 살아가는 이 땅의 사람들을 위한 민주화인 것이다.

이 모든 걸 느끼는 게 공부다. 아이의 마음엔 역설이 가 닿게 되고, 황지우 시인에 대한 호기심도 생기게 되는 것이다. 그래서 역설과 황지우를 더 공부하게 된다. 이렇게 알고 싶은 것을 알아가는 과정, 그 자체가 공부다.

내 아이는 역설이라는 개념이 매력적으로 느껴졌었나 보다. 〈너를 기다리는 동안〉 사건 이후로 가끔 역설이라는 말을 쓴다. 어렵지만 그걸 약간은 이해하게 되었다는 기쁨을 알게 된 셈이다.

오혁이 철학을 공부하는 이유로 '어렵기 때문에 평생 할 수 있을 것 같아서'라고 말한 까닭도 여기에 있을 것이다. 어렵다는 것은 도무지 무슨 말인지 모르겠다는 의미가 아니라, 하나를 깨닫는 데 오랜 시간과 노력이 따른다는 의미다. 그렇게 어렵게 깨친 것은 체화된다. 공부가 몸의 일부가 될 정도로 온전히 자기 자신의 것이 되고 삶이 된다. 그래서 혁오의 음악과 그들의 음악에 대한 태도가 남다를 수밖에 없어진다. 오혁이 계속 음악을 하게 될지는 잘 모르겠지만, 그의 삶이 늘 새롭게 성장하리라는 예감은 든다.

시인 랭보가 말했듯이 삶은 계속 발명되어야 하고, 그 삶을 발명하는 토대는 바로 공부다.

Chapter 2

놀이

아이들은 게임 속으로 숨는다

게임 하면 안 되는 게 아니라, 게임 하는 걸 제어할 줄 모르면 안 되는 거야.
하루에 게임을 얼마나 하면 되는 걸까, 라는 질문도 스스로 제어할 줄 모르기 때문에 나오는 질문이지. 제어할 줄 안다면, 그건 하루에 몇 시간이라는 식으로 계산되지 않겠지? 하루하루 상황이 다르니까 말이야. 일이 있다면 안 할 수도 있는 거고, 여유가 있다면 좀 더 할 수도 있는 거지.
게임을 기준으로 이 세상 사람들은 딱 둘로 나뉜단다. 아주 많이 하거나, 아예 안 하거나. 적절하게 하는 사람은 별로 없는 것 같아. 게임에 한 번 빠지면 헤어나오기가 어렵기 마련이란다. 단지 게임이 재밌기 때문만은 아니야. 게임이 그 사람의 사고방식과 생활 패턴 자체를 바뀌게 만들어서 그래.

아이패드를 만든 스티브 잡스는 자기 아이들에게 아이패드를 안 사줬다는구나. 아이패드의 중독성을 알고 있었던 거지. 페이스북 창시자 마크 저커버그도 자기 딸이 열세 살이 되기 전에는 페이스북 계정을 갖지 못하게 할 거래. 역시나 페이스북의 중독성을 간파하고 있기 때문이지.

게임을 하면 안 되는 것이 아니라, 게임 속으로 도피하면 안 되는 거야. 좀 힘들더라도 네가 정말 원하는 것이 무엇인지 하나씩 찾아보자. 삶의 기쁨은 도처에서 반짝이고 있단다. 엄마는 네가 그 기쁨을 다 느끼게 되는 날이 오기를 바라고 있어.

게임을 그만두는 게 힘든 일이라는 걸 알아. 하지만 그만큼 가치 있는 일이란다. 사실, 이 세상의 모든 가치 있는 것들은 대부분 힘든 과정을 거쳐서 이루어지지. 엄마는 네가 어렵지만 가치 있는, 그 길을 가길 바란다. 아마 너도 알게 될 거야. 그 길이 진실로 즐겁고 아름답다는 것을.

◆ ◆ ◆

아이가 시간 날 때마다 무조건 게임만 하고 싶어 한다면 문제가 있다. 게임 중독인지 아닌지는 좀 더 세밀한 검사가 필요하겠지만, 게임에 집착하는 건 분명 일상을 순조롭지 못하게 만든다.

게임 중독처럼 공부 중독이 있으면 좋겠다고 생각하는가. 물론 있다. 공부 중독이란 단어가 말도 안 되는 어불성설처럼 느껴지겠지만, 그런 증상도 있다. 공부 중독은 공부를 안 하면 불안해지는 증상이다. 공부를 하고 있어야만 마음이 놓이는 것이다. 중독 대상만 다르지 증상은 게임 중독과 비슷하다.

아이들이 게임에 빠지는 이유는 그걸 하고 있을 때는 온갖 걱정을 다 잊게 되기 때문이다. 숙제를 잊고, 학원에서 해야 할 공부나 책임져야 하는 여러 가지 귀찮은 문제들도 잊게 된다. 할 일을 잊으면 불안감도 사라지기 마련이다. 그래서 게임에 더 빠지게 된다. 공부 중독자도 마찬가지다. 공부를 하고 있을 때 마음이 편하다. 공부를 안 하고 있으면 불안해하며, 죄책감마저 느낀다.

중독과 몰입은 다르다. 공부에 몰입하는 사람들은 공부하지 않는다고 불안해하지 않는다. 그들은 공부 이외의 즐거운 일들을 알고 있다. 다양한 활동을 통해 자아를 더 확장해나간다. 공부 중독이 아닌 공부 몰입은 성숙을 가져온다. 공부와 다른 활동이 균형을 이루고 있기 때문이다.

중독은 생활의 균형을 깬다. 게임 중독과 공부 중독 모두 그렇다. 중독자들은 그것을 하고 있지 않을 땐 뭘 해야 할지 모른다. 다른 기쁘고 즐거운 일, 가령 부모와의 대화나 가족 여행 같은 것에도 시큰둥하게 대한다. 세상의 온갖 아름다운 것들에 대해서 시들해지는 것이다.

중독과 몰입의 차이는 '금단 증상'의 유무에 있다. 중독은 그 일을 하지 않을 때 금단 증상을 만든다. 게임, 담배나 알코올 중독에도 금단 증상이 있다. 금단 증상은 그 대상을 하고 싶은 마음에 다른 일을 못 하게 되는 상태에 이르게 한다. 그래서 다시 대상에 빠져들고, 일상을 놓치는 악순환을 반복한다. 중독자들은 균형 감각을 잃은 채 세상의 다양한 일들에 대해 적절하게 반응하는 법을 잊어버린다.

무엇보다 게임이나 인터넷 중독은 뇌의 혈류를 바꾸고 전두엽을 쪼그라들게 한다. 이것을 '전자스크린 증후군ESS: Electronic Screen Syndrome'이라고 한다. 전두엽은 우리 뇌에서 기억력과 사고력 등을 담당하는 부분이다. 게임을 하면 흥분하게 되면서 몸의 자율신경계가 자극을 받는다. 그러면서 아드레날린과 같은 스트레스 호르몬이 만들어진다. 이것이 축적되면 전두엽이 활성화되는 것을 막는데, 아드레날린 때문에 공격적 행동도 많아진다. 그래서 게임에 빠지면 산만해지거나 거칠어지고 조울증에 빠질 수도 있다.

게임을 할 때는 깊은 사고를 할 이유가 없다. 그때그때 재빠르게 선택해서 바로 행동으로 옮기면 된다. 성장을 위해 필수적인 반성적 사고도 불필요해진다. 반성적 사고를 하지 않으면 자신을 돌아보지 못하게 되고 본능적으로 말하고 행동하게 된다.

내가 가르친 대학생 중에도 그런 경우가 있었다. 그 학생은 항상 피곤해 보였다. 눈의 초점도 흐렸고 늘 우울한 표정이었다. 주위에 친구가 없는 것 같았고 수업도 열심히 듣지 않았다. 발표 같은 건 아예 하지도 않았다. 강의 시간에 다른 학생들이 다 웃는 상황에도 그 아이만은 무표정이었다.

개강을 한 어느 날, 그 학생 얼굴이 달라져 있었다. 얼굴이 너무 좋아 보인다고 무슨 일이 있었냐고 물었다. 그 학생은 그간 게임에 빠져 있었는데 이제 그것에서 벗어났다고 말했다. 자신이 왜 그랬는지 모르겠다고, 마치 잠에서 깨어난 것 같다고. 지금은 다른 세상인 것 같다는 말도 했다. 비로소 그 학생은 다른 사람과 소통하고, 웃고, 친구를 사귀고, 남의 마음에 공감하며, 연애를 시작할 준비도 된 것이다.

단지 성적을 높이기 위해서 게임을 하지 말하는 게 아니다. 잘 성장하려면 전두엽이 발달해야 한다. 전두엽은 모든 이성적·감성적 활동 전부를 담당하는 부분이다. 집중력이나 계획력, 실행력과 문제해결력, 인식력, 추론력, 판단력, 통제력, 공감력 등 인간이 살아가면서 가져야 하는 중요한 능력들을 전두엽이 관장하고 있다. 이러한 전두엽이 쪼그라들면 어떻게 되겠는가. 공부의 문제가 아니라 가장 기본적인 생활 자체에 문제가 생긴다.

나는 게임에 빠진 아이를 둔 부모의 마음을 잘 알고 있다. 내 아이도 그랬기 때문이다. 그때 아주 힘들었다. 아이에게 화내고 스스로 분노했다. 그러다 정신을 좀 차리면 아이에게 '말'하기 시작했다.

네가 게임에 빠져 있기 때문에 '생각'하지 않는다고. 어린 시절로 자꾸 돌아가려고 한다고. 그걸 심리학에서는 '퇴행'이라고 한다고. 엄마는 네가 현명한 사람이 되기를 바란다고. 그리고 전두엽 얘기를 꺼냈다. 이 복잡한 세상을 잘 살아가려면 전두엽이 중요한데, 지금 네가 게임으로 네 전두엽을 손상해서야 되겠냐고 거듭 말했다.

한 인간의 매력은 전두엽에서 나온다고 해도 과언이 아니다. 전두엽이 매력의 산실인 셈이다. 전두엽을 어떻게 계발하느냐에 따라 매력의 정도도 달라진다.

뇌가 섹시한 남자라는 뜻의 '뇌섹남'은 단지 지능이 높다거나 복잡한 문제를 잘 푸는 남자를 뜻하는 게 아니다. 전두엽이 섹시한 남자를 말하는 것이다. 뇌섹남은 전두엽의 모든 가능성을 계발해서 결코 다른 사람이 모방할 수 없는 자기만의 매력을 만드는 남자를 뜻한다. 그런 남자에게 뇌가 섹시한 여자가 다가오는 건 당연한 일이다.

아이를 설득하기 위해서는 '게임'과 '성적'을 결합할 것이 아니라, '게임'과 '뇌'를 연결해야 한다. 그다음, '뇌'와 '인생'의 관계로 넘어가 아이와 삶에 관해 이야기해야 한다. 다시 말해, 부모가 성적에 대한 집착을 내려놓아야 아이가 게임 중독에서 벗어날 수 있다.

인터넷은 시간을 건너뛰게 한다

공부할 때 인터넷을 이용하는 건 참 편하지? 누구나 자주 사용하는 미디어이기도 해. 그런데 진짜 좋은 아이디어는 책을 읽을 때 튀어나온단다. 참 이상하지? 인터넷으로 이곳저곳을 건너다니며 검색하고, 그 안의 텍스트를 읽을 때는 아이디어가 떠오르지 않다가, 책을 펴면 문득 어떤 생각이 불거진다는 거. 그 아이디어는 책에서 발견되는 것이 아니라, 책의 내용과 읽는 이의 생각이 만나는 지점에서 발생해.

프랑스 고등학교 졸업시험이자 대학 입학시험인 바칼로레아에는 이런 문제도 나온대. '역사가는 객관적일 수 있는가.' 어떻게 생각하니? 이런 문제는 단답식도 아니고, 정답이 있는 것도 아니야. 네가 깊이 사유하고 진정성 있게 피력하는 것이 가장 중요하지. 우리는 살아가면서 이런 문제들을 종종 만나게 된단다. 그래서 책과 사유의 시간이 필요한 거야.

◆ ◆ ◆

좋은 아이디어는 침실에서도 흘러나온다. 책을 읽을 때의 아이디어는 '튀어나온다'는 표현이 맞고, 침실에서의 아이디어는 '흘러나온다'는 표현이 정확하다. 침실의 아이디어는 길게 스멀스멀 이어진다. 그래서 반드시 침실에는 노트와 필기구가 있어야 한다. 다음 날이 되면 전혀 기억나지 않기 때문이다.

아이디어의 산실은 또 있다. 욕실이다. 목욕을 느긋하게 하다 보면 해결되지 않았던 문제가 어느새 매듭을 풀고 있다는 걸 느끼게 된다. 스르르 생각이 수면 위로 퍼지는 느낌이랄까. 몸이 누그러지는 것처럼 사고도 유연해진다.

산책을 할 때도 그렇다. 그 시간만의 사고시스템이 작동한다. 걷고 있을 때, 바람이 피부에 닿는 느낌을 받으면서 떠오르는 생각은 침실이나 욕실의 아이디어와 또 다른 특성이 있다. 좀 더 통찰력 있고 관조적이다.

지식과 정보를 인터넷으로만 검색한다면, 이 모든 아이디어의 산실을 잃어버리는 것과 다름없다. 아이디어는 거창한 것만을 지칭하지 않는다. 방학을 어떻게 보낼까, 내일은 어떤 재밌는 일을 시도해볼까, 어떻게 하면 친구와 잘 지낼 수 있을까, 내가 진짜 좋아하는 것은 뭘까 등등의 생각들도 퍽 의미 있다. 그런 생각을 하면서 '진정한 나'가 되어가는 것이다.

'진정한 나'가 되기 위해서는 '뇌'를 써야 한다. 뇌는 사용하면 할수록 더 발달한다. 이것을 '뇌의 가소성Brain Plasticity'이라고 한다. 뇌의 가소성을 위해서라도 지나치게 인터넷을 의지하는 것은 경계해야 한다.

한번 생각해보자. 책을 읽을 때는 보통 책만 읽게 된다. 그때는 '책을 읽는 나'와 그 '한 권의 책'만 오롯이 있다. 그런데 인터넷을 할 때는 수많은 정보와 감각적 자극을 처리해야 한다. 자신의 의도와 무관하게 열려 있는 이미지, 동영상, 팝업창도 처리해야 하고, 하나의 텍스트를 다 읽기도 전에 무엇을 검색할 것인지 생각해야 한다. 그 때문에 제대로 된 정보를 숙지할 수 없게 된다. 하나에만 집중하는 게 아니라 여러 가지를 한꺼번에 처리하다 보니, 정서적·인지적 에너지 소모가 크다. 결국 남는 건 별로 없는 것이다. 게다가 멀티태스킹을 하면서 인터넷 창을 몇 개씩 열어놓고 여기 갔다, 저기 갔다, 그러다가 그 창 중 하나가 사라져도 모르는 일이 다반사다.

물론 여러 군데 돌아보면서 신경회로가 더 확장되기도 하고 궁금한 것을 즉각 알 수 있기도 하다. 그게 인터넷의 좋은 점이다. 그런 장점은 충분히 이용해야 한다. 하지만 인터넷만으로는 안 된다. 하이퍼링크를 통해 대충 훑어보고 바로 건너뛰어버리니 깊이 있는 사고 능력을 담당하는 시냅스Synapse가 약화된다.

이와 관련된 연구 결과도 있다. 멀티태스킹을 하는 사람일수록 주변 자극에 쉽게 산만해지고, 작업 기억에 대한 통제능력이 떨어진다고 한다. 심하면 주의력결핍 과잉행동장애ADHD: Attention Deficit/Hyperactivity Disorder로까지 이어진다고도 한다.

인터넷의 좋은 점을 충분히 활용하면서 단점은 취하지 않는 길은, 바로 책을 가까이하는 것이다. 인터넷을 이용할수록 책도 더 가까이하는 방식이다. 온갖 스마트 기기들이 우리에게 가까이 올수록 아날로그에 가까운 것들이 필요하다. 책과 침실에서의 사유, 욕실과 산책의 여유가 여기에 속한다.

흔히 부모들은 아이가 인터넷으로 교육방송을 듣고 있으면 만족한다. 하지만 그때도 아이들은, 극소수만 제외하고는 부모 눈을 피해 멀티태스킹을 한다. 아이들 잘못이 아니다. 아이들은 오히려 효율적으로 공부하기 위해서 그런다. 교육방송에 이미 알고 있는 것이 나오면, 그 부분을 들을 이유가 없다고 생각하고 다른 인터넷 창을 띄우는 것이다. 게다가 부모에게 들킬지 모르니 그것에도 주의를 기울여야 한다. 아이의 정신은 이렇게 분열된다. 그러다가 들어야 할 부분까지 놓치는 것이다.

인터넷 교육방송을 듣게 하지 말라는 얘기가 아니다. 양질의 교육 콘텐츠를 집에서 편하게 학습하는 것은 꽤 괜찮은 일이다. 다만 인터넷

교육방송에만 의지해서는 안 된다는 것이다. 아이 혼자 생각하면서 공부할 수 있는 시간도 충분히 확보되어야 하고 책을 읽으면서 내적 대화를 할 수 있는 시간도 주어져야 한다. 내적 대화는 자기 생각과 자신이 하는 일을 스스로 조절하게 만든다.

바칼로레아에는 이런 문제들도 나온다.

'도덕적으로 행동한다는 것은 반드시 자신의 욕망과 싸운다는 것을 뜻하는가?', '국가는 개인의 적인가?', '과학의 용도는 어디에 있는가?', '예술작품은 반드시 아름다운가?', '역사는 인간에게 오는 것인가? 아니면 인간에 의해 오는 것인가?', '사랑이 의무일 수 있는가?', '진실을 추구하는 것이 공정할 수 있는가?'

인터넷만 뒤적거린다고 이런 문제에 답할 수 있겠는가. 물론 프랑스에서 대학을 가지 않는 이상, 아이가 이런 입시 문제를 만날 일은 없다. 하지만 이 문제들은 성숙한 사람이라면 한번쯤 부딪히게 되는 것들이다.

조선시대 논술시험이라 할 수 있는 책문에서도 이런 문제가 나왔다.

'지금 가장 시급한 나랏일은 무엇인가?', '교육이 가야 할 길은 어디인가?', '인재를 어떻게 구할 것인가?', '법의 폐단을 고치는 방법은 무엇인가?', '공자라면 어떻게 정치를 하겠는가?', '술의 폐해를 논하라?', '섣달 그믐밤의 서글픔, 그 까닭은 무엇인가?'

이 문제를 통해 리더가 지녀야 할 능력을 평가했다. 특히 이성과 감성이 조화를 이룬, 공감하는 리더의 자질을 갖추고 있는지 판단하기 위한 문제라고 할 수 있다.

바칼로레아나 책문이 우리 아이들과 전혀 상관없어 보이지는 않을 것이다. 아이들이 주체적으로 살다 보면 이런 문제의식을 느끼기 마련이다.

깊은 사색을 하는 시간이 있어야 한다. 가끔 아이들에게 질문을 툭 던져보라. '사랑이 의무일 수 있을까?'와 같은. 나는 아이에게 바칼로레아 문제를 건넨 적이 있다. 답을 쓰라고 준 것은 아니었다. 그저 '이런 문제'도 생각하며 살아가야 한다는 것을 보여주고 싶었다. 일단은 그것만으로 충분했다. 그러나 더 나아갔다면, 답을 한번 써보라고 했더라면, 아이는 문제의식 갖는 것 자체를 싫어했을지도 모른다.

스마트폰은 자신을 잊게 한다

〈인터스텔라Interstellar〉의 크리스토퍼 놀런 감독은 스마트폰이 없다는구나. 그 사람은 아예 휴대전화를 쓰지 않는대. 할리우드의 대표적인 SF 영화감독이 과학기술의 혜택을 받지 않는다니 이상하지? 그는 인터뷰에서 이렇게 말했어. "나는 정말 스마트폰을 갖고 싶지 않아요. 만약 스마트폰을 가진 사람에게 10분의 여유가 있다면 어떨까요? 그는 아마 10분 동안 스마트폰을 들여다볼 거예요." 크리스토퍼 놀런 감독은 스마트폰이 자신의 생각할 시간을 빼앗는다고 생각하는 거야. 스마트폰이 없었기 때문에 그의 상상력이 현실에서 실현될 수 있었다고 해도 과장은 아니겠지?

◆ ◆ ◆

나는 011로 시작되는 2G폰을 쓰고 있고, 내 아이는 통화와 문자만 가능한 소위 '효도폰'을 쓰고 있다.

내가 2G폰을 쓰는 이유를 거창하게 말하자면, 자연스러운 삶의 속도를 갖고 싶어서다. 스마트폰을 사용하면 아무래도 검색을 하거나 '구경'을 하게 되니까, 내가 하고 싶은 일을 내가 하고 싶은 시간에 할 수 없게 될 것 같아서였다. 스마트폰이 있다면 어느샌가 시간이 훌쩍 지나가버릴 거고, 원하지 않는 정보에 노출될 것이다. 달리 말하자면, 스마트폰을 너무 좋아하게 될까 봐 애초에 스마트폰을 삶에 영입하지 않았다.

내 아이도 한때 스마트폰을 너무 좋아했다. 지금도 스마트폰을 그리워하고 있는지 모른다. 이해한다. 손쉽게 온갖 정보를 검색할 수 있고 게임부터 갖가지 대화까지 할 수 있게 해주는, 그 영특한 기계를 왜 마다하겠는가. 하지만 '자기 입의 혀' 같은 그 충복 때문에 정작 자기 자신은 잊게 된다. 그래서 아이는 스마트폰을 내려놓기로 한 것이다. 아이는 스마트폰을 놓고 폴더폰을 사용하면서 비로소 '시간'을 갖게 되었다. 자신에 대해 생각하게 되면서 나와의 대화도 훨씬 풍부하게 되었다. 감사하고 감격스럽다.

너무나 뛰어나고 매력적인 매체들 때문에 점차 자기 자신을 잃고 있는 건 아닌지 생각해봐야 한다. 매체 자체가 나쁜 건 아니지만, 사용하는 주체가 매체를 활용하는 것이 아니라 중독되어 있다면 분명 문제가 된다. 이제 사물인터넷이 통용되고 인간이 매체의 영향 아래에 있게 되면 무엇이 더 중요하게 될까. 바로 인생의 주인으로 자신을 앞세우는 일이다.

부모가 공부하라고 해서 공부하고, 부모가 일일이 성적을 체크하니까 그에 따라서 성적을 관리하고, 자기가 하고 싶은 일이 무엇인지도 모른 채 성적에 맞추어 대학에 입학한다. 그렇게 대학에 들어가서도 스펙을 쌓느라 영어 공부와 이런저런 시험에 치이고, 일단은 직장에 들어가야 할 것 같아 여기저기 원서를 넣어보고, 합격이 된 직장에 들어가서 돈을 번다. 나이가 좀 더 들고 돈을 조금 모으면 결혼을 하고, 아이를 낳고, 자기가 배워온 대로 아이를 키우고, 그러다 보면 나이 쉰, 예순이 넘고, 그리고 퇴직을 하고…….

그게 인생일까. 자기의 내면에서 흘러나오는 욕망이나 꿈이 아닌 부모의 계획이나 사회의 기준, 통념에 따라 사는 게 안정되고 행복한 인생이라는 편견을 갖는다면, 그 삶에 '자신'이 있다고 할 수 있을까.

어떤 삶이든 갈등과 문제가 생기기 마련이고 누구나 갈등과 문제를 해결하면서 살아가야 한다. 그러나 많은 사람이 갈등과 문제를 주체적 입장으로 '무엇이 더 옳은지, 더 가치 있는지' 생각하지 못한다. 결국 눈앞의 이익만 좇게 된다. 당장 이익이 되더라도, 그것이 자기 인생에 있어 이득이라고 할 수 있을까. 사회에서 성공했다 하더라도, 그 성공 속에 '자기 삶만의 진정한 가치'가 없다면 그것을 자신의 성공이라고 할 수 있을까.

사람들은 세상 돌아가는 걸 잘 알아야 성공하고 돈을 벌 수 있다고 말한다. 그래서 새로운 기기가 나오면 바로바로 사고, 유행을 좇는다. 그렇게 해야 세상을 알 수 있고, 그 중심에 설 수 있다고 생각한다.

'세이렌 서버Siren Server'라는 용어가 있다. 구글, 아마존, 페이스북, 네이버, 다음과 같이 강력한 서버들을 뜻한다. 이 안에서 우리는 매일 공짜로 좋은 정보를 얻고, 물건을 좀 더 싸게 사기도 한다. 문화생활도 가능한 곳이다. 그러나 그리스 신화의 세이렌이 선원들을 꾀어 배를 난파시켰듯, 세이렌 서버는 사람들을 꾀어 경제를 붕괴시킬 수도 있다.

예를 들어, 구글 번역이 점차 정교해지는 것은 수많은 사람이 번역 예문을 입력했기 때문이다. 그런데 번역 서비스로 이익을 거두는 것은 구글뿐이다. 정작 데이터를 넣은 사람들은 아무런 보상을 받지 못한다. 정상적인 경제 시스템이라면 일을 한 사람이 보상을 받아야 하지만, 전혀 일하지 않은 거대기업 구글만 이익을 독식하게 되는 시스템이다.

우리 주변에 이런 청년이 있다. 그는 영어는 잘하지만, 직장을 잡지 못했다. 그래서 집에서 자기 공부도 할 겸 구글이나 네이버, 위키백과 같은 곳에 정보를 입력했다. 그렇게 자신의 지식을 무료로 제공하면, 다른 사람이 혜택을 본다. 옛날에는 돈을 지불하고 받았던 서비스를 무료로 이용하는 것이다. 정보의 민주화가 이루어진 것 같다. 하지만 이 때문에 유료 서비스를 통해 정보를 주던 사이트나 기업은 사라지게 된다. 그런 곳들이 사라지면 청년이 취직할 확률은 더 줄어든다.

재런 러니어가 쓴《미래는 누구의 것인가》라는 책에 이런 말이 나온다. 도박에서 돈을 벌려면 카지노를 사야 하는 것처럼, 네트워크에서 돈을 벌려면 '최상위 서버'를 사야 한다고. 최상위 서버에 있지 않은 한, 그 최상위 서버에 이용당할 뿐이다.

최신 기기가 있다고 해도 세상의 중심에 설 수는 없다. 사실, 우리가 세상의 중심에 서야 할 필요도 없다. 세상의 중심에서 경제와 정치를 움직이는 사람도 있겠지만, 그보다 더 중요한 건 자기 인생의 중심에서 자기 인생을 움직이는 게 아니겠는가. 그러기 위해서는 매체와 기기를 내려놓고 맨눈으로 세상을 관찰하며 자신의 영혼으로 나와 남을 성찰해야 한다.

아무리 세상이 변해도 인간이 추구해야 할 가치가 전복되지는 않는다. 여전히 우리는 '함께' 자신 삶의 의미와 가치를 찾으면서 살아야 한다. 그러기 위해서는 자기 삶이 온전히 자기에게 속해 있어야 한다. 그래야만 인간이 만든 매체를 인간이 제대로 쓸 수 있다.

아이들에게 스마트폰에 대해, 이 세상의 인터넷 정보나 그 시스템에 대해, 세이렌 서버에 대해 이야기를 꺼내보자. 아이는 자기가 갖고 있는 기기가 아니라, 기기를 만든 세상에 대해 생각하게 될 것이다.

Chapter 3
관계

이성 교제는 어떻게 해야 할까

사랑은 쉬운 게 아니야. 가장 나쁜 건 감정을 소모적으로 내버리는 연애야. 사랑을 하면 도파민과 엔도르핀이 나오는데 그건 중독을 불러올 정도로 쾌감을 유발하는 호르몬이란다. 흥분도 되지. 바로 아드레날린이 작용해서야. 또 상대에게 잘 보이기 위해 애를 쓰다 보면 스트레스가 생기는데 이때 나오는 호르몬이 코르티솔이야. 사랑을 하면 이 호르몬들이 작용해, 설레고 기쁘고 흥분되는 거야.

지루한 일상에서 사랑만큼 짜릿하고 쾌락적인 것이 없겠지? 그게 문제야. 요새 '썸탄다'는 말도 이와 관련이 있어. '저 사람이 나를 좋아할까?', '저 사람은 어떤 사람이지?' 그런 생각만으로도 설레고 흥분되잖아. 그래서 어떤 젊은이들은 썸만 타기도 한다는구나. 진득하게 사귀면 설렘과 흥분이 감소하니까 빨리빨리 상대를 바꾸는 거지. 그럼 어떻게 될까? 사람을 이해하는 능력은 키울 수 없게 되겠지? 자신의 쾌감만 중요해지고, 결국은 병적인 자기애에 빠지게 된단다.

자기애란 게 뭐냐면, 자기 자신만을 집착적으로 아끼고 사랑하는 거야. 상처받기 싫어서 누군가를 진정으로 대하지 않기도 하고, 조금 어렵고 곤란한 상황이 발생하면 도망치기도 해. 결국 성숙하지 못한 사람이 되는 거지.

진짜 사랑을 호르몬으로 말하자면, 옥시토신이라고 할 수 있어. 옥시토신은 신뢰와 안정의 호르몬이야. 그러니까 시간이 지나 도파민과 엔도르핀이 주춤해도 이 옥시토신으로 서로를 믿고 서로에게서 더 많은 걸 배우게 되는 거지. 희한한 것은 이런 관계가 서로에게 매력을 느끼게 해서 결국은 다시 도파민과 엔도르핀을 생성시킨다는 거야.

◆ ◆ ◆

니체가 말했다. 사랑은 망치와 정으로 하는 거라고. 서로 편안한 의자를 내주는 건 사랑이 아니다. 망치와 정을 들고 상대에게 잠재된 아름다운 모습을 이끌어내주는 것이 바로 사랑이다. 이를 두고 미켈란젤로 현상이라고도 한다. 미켈란젤로는 조각할 때 돌을 예쁘게 다듬은 것이 아니라 돌 속에 이미 내재되어 있는 아름다움을 드러냈다고 한다. 사랑도 그렇게 미켈란젤로처럼 하라는 거다. 그래서 사랑을 하면 아프기도 하다. 깨져야 하니까.

연애를 할 때 중요한 게 한 가지 더 있는데, 그건 상대를 내 맘대로 바꾸려고 하거나, 상대의 말이나 행동을 내 멋대로 해석하면 안 된다는 사실이다. 보통 누군가를 좋아하면 그 사람을 잘 안다고 생각한다. 그렇기 때문에 상대에게 묻지 않고, 자신이 알고 있는 대로 상대를 대한다. 그건 사랑하는 사람을 대하는 태도가 아니다.

철학에서는 '타자'라는 말이 중요하다. 타자란 결코 내가 온전히 알지 못하는 또 하나의 주체를 뜻한다. 철학자 레비나스는 '절대적 타자'라는 말을 쓰기도 했다. '절대적 타자'란 '나'와 동일시할 수 없는 존재라는 의미다. 연인을 다 안다면 그 사람이 그토록 매력적이겠는가. 신비스럽고 왠지 모를 모호한 분위기를 풍길 때 더 매력적인 법이다.

이런 모호한 분위기, 다른 사람은 절대로 모방할 수 없는 그 사람만의 독특한 특성을 '아우라Aura'라고 한다. 우리가 사랑에 빠지는 사람도 아우라가 있는 사람이다. 아우라가 있는 사람을 우리가 단번에 해석할 수는 없는 노릇이다. 우리는 그 사람이 어떤 사람인지 '알기 때문에' 사랑하는 게 아니라 '알고 싶어서' 사랑한다.

사랑하는 사람을 대할 때, 더 겸허하고 진실해야 한다. 그 과정에서 우리는 주체로서 성숙할 수 있게 된다. 이 세상에서 사랑만큼이나 사람을 성장하게 해주는 것도 없다.

아무나 사귀면 안 되는 건, 자기 자신을 위해서다. 자신의 외로움을 잊기 위해 누군가를 끝없이 만난다면 결국 자아가 피폐해질 수밖에 없다. 어떤 사람을 만나 사랑하느냐에 따라 자아와 인생이 달라진다. 그것이 성급한 연애에 빠지면 안 되는 이유다.

그러니 아이에게 이성 교제를 하면 안 되는 게 성적 때문이라고 야단칠 일은 아니다. 이성 교제를 못하게 해야겠다고 판단한다면, 그 판단의 기준은 하나밖에 없어야 한다. 바로 아이 자신이다. 아이가 정말 그 대상을 좋아하는가, 소중하게 생각하는가, 그 대상에게 얼마나 매력을 느끼는가를 자문하게 해주어야 한다. 지금 아이가 이성 교제를 함으로써 자신과 상대에게 모두 잘못을 범하고 있다는 생각이 든다면, 아이 스스로 관계를 정리하게 해주어야 한다.

사랑이 무엇인지 아이와 함께 대화해볼 필요도 있다. 니체의 미켈란젤로식 사랑이 부담스럽다면, 소크라테스식의 '영혼의 사랑'도 있다. 소크라테스는 사랑이란 서로의 영혼을 고양하는 것이라고 했다. 아이에게 물어보는 것이다. "너희들은 서로의 영혼을 고양시키고 있는 거야?"라고. 좀 어색할 것 같은가? 하지만 이런 진지한 대화를 몇 번 하다 보면 아이도 그러려니 하고 받아들인다.

나는 내 아이가 사랑을 잘하는 사람이 되기를 바란다. 프로이트가 말했듯, 부모가 아이에게 사랑하는 능력을 키워줬다면 그건 부모로서 해야 할 역할을 다 한 것이다.

친구는 많아야 좋을까

흔히 사람들은 친구가 많으면 사회성이 있다고 하지. 하지만 아무리 친구가 많더라도 네가 어려울 때 도와주지 않고, 좋은 일이 있을 때 질투하는 친구들만 있다면 의미가 있을까?

이런 경우가 있단다. 어떤 사람이 친구가 아주 많았어. 그런데 그 사람의 사업이 망한 거야. 친구한테 신세를 질 생각도 하지 않았는데 소문을 들은 대부분의 친구가 그 사람을 멀리하더래. 도와주겠다며 이전의 관계를 지속한 사람은 몇 명 없었대. 그 사람이 그러더라. 사업은 망했지만, 그걸로 자신의 진짜 친구를 알게 됐다고.

진정한 친구인지 아닌지 가려내기 위해 실험을 할 필요는 없어도, 혹시 내가 외로워서 '킬링타임용'으로 그 친구를 만난다면 그건 좋은 관계라고 할 수 없겠지.

게다가 사람마다 '성향'이란 게 있어. 엄마도 친구가 없는 편이잖아.

혼자서 책 보고 영화 보는 걸 좋아하지. 너무 고상하게 표현했나? 그럼 다르게 말해볼게. 엄마는 늘어진 티셔츠를 입고 세수도 안 한 상태에서 뒹굴며 책이나 영화를 보고, 컴퓨터 앞에 앉아 정신없이 글 쓰는 거 좋아하잖아. 이제 됐지? 어쨌든 이렇게 고독을 좋아하는 사람도 있단다.

철학자들은 고독Solitude과 외로움Loneliness을 구분하기도 해. 고독은 혼자 있어도 그 시간을 즐기는 거고, 외로움은 혼자 있는 것을 괴로워하는 상태지. 재미있는 것은, 고독을 향유할 줄 아는 사람이 남과 진정한 소통을 할 수 있다는 거야. 고독을 즐길 줄 아는 사람은 아무나 만나지 않거든. 자신의 시간이 중요하기 때문에 좋은 사람과 좋은 관계를 맺기 위해 노력한다는 거야. 그러면서 상대의 시간도 소중히 생각한단다.

◆ ◆ ◆

철학자 하이데거와 비트겐슈타인은 말년을 오두막집에서 지내며 고독하게 집필 활동을 했다. 그들은 주변을 산책하면서 여유를 갖고 생각도 정리하면서 살았다. 루소나 칸트 같은 철학자들은 평생 고독을 향유하면서도 간혹 만나게 되는 다른 사람에게 환대를 받았다.

고독은 철학자만의 것이 아니다. 인간에게는 고독이 필수적이다. 부모와 아이도 모두 각자의 고독이 있어야 한다. 부모의 고독한 시간은 아이를 방임하는 것이 아니다. 고독은 자아를 채우는 시간이다. 부모로서의 '역할'에 치우치다 보면 자아가 고갈될 수밖에 없다. 부모로서 해야 할 역할조차 충만한 자아로부터 나오는 것인데, 그 역할의 자양분을 갖기 위해서라도 고독이 필요한 것이다.

아이에게도 고독이 필요하다. 아이의 일상 시간이 공부와 놀이, 친구와의 소통 등으로 꽉 차 있다면 정작 자기 자신과의 대화는 할 수 없다. 자신만의 시간을 갖지 못하면 점차 자아를 잃게 된다.

처음엔 고독이 불편할 것이다. 부모도, 아이도, 자신과 상대의 고독 모두 인내하기 어려울 것이다. 실험을 해보면 좋다. 아이에게 야단칠 일이 생겼을 때, 평소의 반의반만 꾸짖고 돌아서서 혼자만의 시간을 가져 보자. 그리고 아이에게도 혼자 있을 시간을 주는 것이다. 고독이 얼마나 풍요로운 긴장을 주는지 알게 된다. 그 시간 속에서 새로움이 만들어지는 걸 느낄 수 있다. 고독의 시간에는 무엇보다 산책이 좋다. 걸음이 쌓이면서 마음이 정화되기도 한다.

아이가 친구가 많지 않다고 크게 걱정할 이유도 없다. 혹시 친구가 적고 혼자 있는 시간이 많다는 게 불안한 것이 아니라, 사람들이 그런 아이를 사회성이 부족하다고 나쁘게 볼까 봐 걱정하는 것은 아닌가? 만약 그렇다면 그건 그들의 편견일 뿐이다. 그들 또한 다른 사람의 시선을 통해 자신을 평가하는 사람일 뿐이다. 고독의 능력자는 고독의 능력자를 알아본다. 그런 만남에서 진정한 소통이 시작되는 것이다.

좋은 친구는 변하지 않는 친구가 아니라, 변함에도 불구하고 흥미롭게 적응할 수 있는 친구다. 아니, 변하기 때문에 관계가 더 개선될 수 있다. 좋은 친구란 관계를 개선하고 싶어지는, 관계가 더욱 좋아질 수 있다는 믿음으로 노력하고 싶어지는 사람이다.

세상에서 가장 안 좋은 관계는 '나쁜 관계'가 아니라, '빤한 관계'가 아닐까. 나쁜 관계는 그 '나쁘다'는 의식 때문에 변화될 수 있고 관계 자체를 끊을 수도 있지만, 빤한 관계는 그 빤함을 인식하지 못할 정도로 무감각해져 있다. 그저 서로가 서로를 야금야금 방전시킬 뿐이다.

관계는 개인과 개인이 어떤 특정한 형태로 고정되는 것이 아니다. 철학자 롤랑 바르트가 말했듯이, 관계란 개인들 사이에서 늘 새롭게 재구성되는 것이다.

니체식으로 말하자면, 친구가 된다는 것은 친구를 '만드는' 일이다. 친구가 된다는 것은, 상대로 인해 새롭게 만들어진다는 뜻이다. 니체는 친구가 된 뒤에도 푹신한 침대가 아닌, 야전 침대가 되어야 한다고 했다. 잠깐 쉬어도 좋지만, 오래 쉴 수 없게 하는 것이 진짜 친구라는 말이다.

내 아이가 언젠가 자기한테는 '절친'이라고 할 만한 친한 친구가 없다고 말한 적이 있다. 그냥 다 친하단다. 물론 그것도 괜찮다. 하지만 언젠가 아이에게 '절친'이라는 존재가 생겼으면 좋겠다고 생각한다.

간혹 사람은 심하게 약해지고 감당할 수 없는 고통도 느끼게 되니까. 그때는 옆에서 '그냥 있어줄 친구'가 필요하다. 섣불리 위로하지 않고, 판단하지 않고, 아픔을 아파해줄 친구.

영화 〈고양이를 부탁해〉를 보면 친구가 어떤 존재인지 가늠하게 된다. '태희'가 친구에게 이런 말을 한다. "난 네가 도끼로 사람을 찔러 죽여도 네 편이야." 이 말의 진실은 '네가 사람을 죽여도 나는 네 편이야'라는 것 자체에 있지 않다. 친구가 누군가를 죽였다 해도 거기엔 그럴 수밖에 없는 이유가 있다고 믿는다는 데 있다.

이것은 '행위'가 아니라 '존재'의 문제다. 서로의 행위가 아닌, 존재 전체를 믿을 수 있는 친구. 살아가면서 단 한 명만 있다 하더라도, 그는 인생을 잘 산 사람일 거다.

왜 누군가를 따돌리는 걸까

'왕따'는 정말 심각한 문제야. 왕따는 집단따돌림이잖아. 한 사람이 다른 사람을 싫어하는 것과는 차원이 다르지. 집단이 한 사람을 철저하게 소외시키는 거니까.

친하지 않은 것과 의도적인 왕따는 분명 달라. 친하기 위해서는 성향이 비슷하고 서로 어우러질 수 있어야 해. 그렇지 않으면 친해지기 쉽지 않아. 하지만 왕따는 단지 안 친한 관계가 아니라, 의도적으로 한 아이를 거부하고 소외시키는 거야. 그 아이를 밀어버리고 보이지 않는 벽 뒤에 가두는 거지.

인간이 다른 인간을 따돌릴 수 있는 권리는 어디에도 없어. 어떤 이유로든 그건 부당한 거야. '인권'이란 게 그런 거지. '나'의 인권이 존엄한 것처럼, '타인'의 인권도 존엄한 거란다.

그런데도 왜 왕따가 발생할까. 무엇보다 그건 두려움 때문이야. 왕따

시키는 아이들을 봐. 그 애들은 집단으로 몰려다니지 결코 혼자서 다니는 법이 없어. 두렵기 때문이지. 자신이 왕따가 될까 봐.
왕따 시키는 아이들은 강한 게 아니라 비겁한 거란다. 두려운 대상을 미리 배제하려는 거지. 그러니까 오히려 겁이 지나치게 많은 거야. 진정 강한 사람은 자신을 지키기 위해 남을 짓밟지 않아.

◆ ◆ ◆

왕따가 있는 집단은 병든 집단이다. 왕따는 집단폭력이며 범죄행위이다. 왕따는 당사자에게 정신적·신체적으로 큰 상처를 남긴다. 어떤 이유에서건 있어서는 안 된다.

어른들도 직장이나 인간관계에서 왕따를 당하기도 한다. 당사자는 자신이 왜 왕따를 당하는지 알 수 없다. 당사자 자신만 이유를 알지 못하는 건 아니다. 따돌리는 사람들도 왜 하필 '그/그녀'가 대상인지 분명한 이유를 댈 수 없다. 그렇기 때문에 왕따는 더 부조리한 것이다.

'집단 희생양'이란 게 있다. 집단의 안정을 위해 '다름'을 가지고 있는 존재를 희생시키는 것을 말한다. 집단의 동일성을 유지함으로써 그 구성원은 일종의 안정감을 느낀다. 물론 이 안정감은 비도덕적이다. 누군가를 희생시킨 안정감이 도덕적일 리 없다.

다름을 수용하지 못하는 집단은 미성숙한 집단이다. 여기에는 진정한 소통도, 자존감도 있을 수 없다. 다름이 인정되지 않는 집단이라면, 왕따는 계속 발생할 것이다. 대상을 바꾸면서 끊임없이 집단따돌림이 생기는 것이다. 이런 집단에서는 누구든 왕따가 될 수 있다.

왕따는 전염병과 같다. 한 번 시작되면 무차별적으로 퍼진다. 집단의 연대와 소통을 전혀 기대할 수 없다. 따돌린 아이도, 왕따 당한 아이도 병들어간다.

아이들의 집단따돌림은 아이들이 해결할 수 없다. 아이들의 집단따돌림 문제를 해결하려면 성숙하고 지혜로운 부모와 교사의 개입이 불가피하다. 왕따가 발생했을 때, 무조건 '가해자'와 '피해자'로 나누어 처벌과 치유의 문제로 접근해야 하는 건 아니다. 집단의 정체성 자체를 점검해보고 집단의 구성원들에게 다름을 수용하는 윤리를 가르쳐야 한다.

아이러니한 것은 소통의 매체가 발달할수록 '소통'이 아니라 '소외'가 더 확산되고 있다는 사실이다. 가령, 스마트폰 채팅 앱은 여러 사람 간 자유로운 소통을 위한 장으로 활용되는 것이 아니라 누군가를 유폐시키는 장치로도 이용된다. 소위 '단톡방'이 만들어지면 누구나 참여하는 것이 아니라 누군가를 소외시킨다. 그럼으로써 나머지 사람들의 소속감이 더 강해지고 있다는 오해에 사로잡힌다. 소속감이 강해진다고 느끼는 것은 두려움이 강해지고 있다는 의미이기도 하다.

아이들이 밤늦게까지 SNS에서 벗어나지 않는 것도 소외되지 않으려는 몸부림이다. 자신이 없을 때 누군가 자기 험담을 할지도 모른다는 생각, 자신이 모르는 뭔가가 SNS에 떠돌지도 모른다는 공포가 아이들을 스마트폰에 잡아두는 것이다. 스마트폰은 통신매체가 아니라 족쇄가 되고 아이들은 스마트폰 속에 떠도는 말들의 인질이 된다.

스마트폰이 확산되면서 왕따 현상도 돌연변이를 일으키고 있다. 아이들은 소외되지 않기 위해 서둘러 스마트폰을 바꾸고, 그 때문에 더 심하게 스마트폰에 얽매인다. 스마트폰과 SNS가 일상 깊숙이 들어올수록 아이들은 마음의 불편함을 겪는다.

모든 문제가 그렇지만, 특히 왕따는 발생하기 전에 예방하는 것이 중요하다. 예방은 다른 게 아니다. 부모의 입장으로 접근하자면, 부모와 아이의 '진정한 소통'이 예방이나 다름없다. 분명하게 잘못된 이 현상에 대해 대화를 나누는 것이다.

아이는 자신의 고민을 부모에게 말할 수 있어야 하고 부모는 아이의 고민을 들어야 한다. 그럴 때 부모에게 필요한 자세는 경청이다. 부모는 아이에게 훈계하고 교육만 하는 주체가 아니다. 오히려 그 이전에 '듣는 주체'다. 듣지 않고는 교육할 수 없다. 교육은 언제나 맞춤식이 되어야 한다. 내 아이에게 맞는 교육과 옆집 아이에게 맞는 교육이 같을 수 없듯, 모든 사람에게 공통으로 적용되는 교육 방법이란 것은 애초부터 없었기 때문이다. 백 명의 아이가 있다면 백 가지 이상의 교육 방법이 필요하다.

왕따 문제에 숨어 있는 진실도 있다. 남을 따돌리는 아이도, 그 자신을 소외시킨다는 데서 기인한다. 왕따 당하는 아이는 남에 의해서 소외되지만, 왕따 시키는 아이는 자기 자신에 의해서 소외당하는 것이다. 소외란 자기 행위의 주인이 자신이 아닌 것을 의미한다. 집단따돌림 행위에 마땅한 동기 없이 자신이 왕따 당하지 않기 위해, 혹은 막연한 쾌락과 두려움으로 그 횡포를 범한다면 그건 가장 비도덕적인 형식의 '자기 소외'다.

아이가 가해자이건 피해자이건, 왕따 문제가 일어난 집단 속에 있다면, 이 집단따돌림 현상의 본질에 관해 가르쳐주는 것이 필요하다. 인식과 함께 치유가 진행되어야 한다.

활발한 리더만 필요할까

외향적인 사람만 리더가 되는 건 아니야. 내향적인 사람들도 자신만의 리더십을 계발할 수 있단다. 마이크로소프트의 빌 게이츠도 내향적인 면이 강하대. 하지만 리더로 유명한 사람 중 한 명이지. '양향적 리더'라는 말이 있듯이, 내향적 성격과 외향적 성격이 균형을 이루는 게 중요하단다. 어쩌면 완전한 내향성 인간, 완전한 외향성 인간은 없을지도 몰라.

외향적 성격은 활발하고 사교적이야. 내향적 성격은 사색적이고 혼자 있기를 좋아하지. 인간은 사회적 존재라서 다른 사람과 관계를 맺으면서 집단에서 활동하잖아. 그 속에서 자기 의견을 피력하고 설득하는 일은 필요해. 그러면서도 사색과 고독도 필요하단다. 그래서 두 성격의 균형이 중요한 거야.

리더십은 모든 사람이 가져야 할 성향이야. 그렇다고 반드시 '큰 리더'

가 되어야 하는 건 아니야. 이 세상에는 오히려 '작은 리더'가 더 많이 필요해. 자기 분야에서, 생활권에서, 가정생활에서의 진정한 리더가 필요한 거지. 그래야 더 좋은 세상이 된단다.

학급에서 반장이나 부반장이 되어보는 것도 좋은 경험이야. 스테레오타입Stereotype의 반장이나 부반장도 있겠지만, 새로운 스타일의 반장이나 부반장을 '창조'할 수도 있지 않겠니?

◆ ◆ ◆

아직 내 아이가 반장이나 부반장을 한 적은 없다. 반장이나 부반장 '자리'를 가져보라는 차원에서가 아니라, 그 '경험'을 한 번 해보라는 입장에서 권유한 적은 있다. 그게 아니더라도, 수업시간이나 놀이시간에 그 순간순간의 리더가 필요할 때 리더십을 발휘했으면 좋겠다. 그럼 또 다른 자질이 계발되는 거니까.

외향적인 사람만 리더가 되는 것은 아니다. 아이가 소극적이라서, 혼자 있는 걸 좋아해서, 늘 생각이 많고 결단이 느리기 때문에 리더가 되지 못한다고 생각한다면, 그것은 오판이다. 그런 아이대로 남의 이야기를 신중하게 듣고, 고독의 시간을 통해 성찰하는 리더가 될 수 있다.

사실 진심은 이렇다. 나는 내 아이가 성인이 되었을 때 한 집단의 리더가 되기를 원하지 않는다. 리더로서의 삶은 그리 녹록지 않기 때문이다. 인터넷이다, SNS다 해서 개인의 사생활이 쉽게 노출되는 사회이기 때문이기도 하다.

이 세상 전체가 커다란 빅브라더Big brother다. 개인 생활이나 사상이 끊임없이 감시되고 통제되는 시스템 속에서 리더가 지속적인 존경을 받기는 힘든 세상이다. 리더가 희생양이 되는 경우도 곧잘 있다.

진짜 리더는 사람이 아니라, 빅브라더 자체인 것 같기도 하다. 감시카메라나 도청장치, SNS 같은 것이 리더의 권력을 갖고 있는 것처럼 보인다. 네트워크Network, 말 그대로 촘촘한 그물망이 되어 사람을 낚는 세상이 된 것이다. 리더 한 개인으로는 이런 장치를 결코 이기지 못할 거라는 의구심이 생기기도 한다. 게다가 리더가 되면 그의 삶도 이 매체들에 포획된다. 유명인은 그만큼 사생활을 저당 잡힌다. '유명세'가 '유명해진 것에 대한 세금'이라는 우스갯소리도 있지 않은가.

미셸 푸코는 세상을 두고 원형감옥인 파놉티콘Panopticon이라고 했다. 파놉티콘은 그리스어로 '모두'를 뜻하는 'Pan'과 '본다'는 뜻을 가진 'Opticon'의 합성어다. 원형감옥에서는 감옥에 갇힌 죄수들 방을 밝게 하고, 바깥에 있는 감시탑을 어둡게 한 뒤 죄수들의 방을 지켜본다. 어두운 바깥이 보이지 않는 죄수들은 간수들의 부재를 느끼지 못하고, 간수들이 있든 없든 늘 감시받고 있다고 생각하게 된다. 결국 죄수들은 그 감시를 내면화해서 스스로를 감시한다. 지금 그 간수의 역할을 컴퓨터 통신망이 하게 된 것이다.

이 세상에 대한 두려움을 표명하는 게 아니다. 세상이 이렇게 '투명'해질수록 개인의 삶이 더 중요하다는 얘기를 하는 거다.

무엇보다 리더십은 익명의 다수가 모인 거대 집단에서만 필요한 것이 아니다. 오히려 작은 연대에서 더 빛을 발한다. 리더Leader가 되고 싶은 이유는 리딩Leading 자체에 있어야 한다. 리더십은 강제적 권력을 의미하지 않는다. 구성원Follower이 자발적으로 자신을 따르게 할 수 있는 능력이 리더십이다. 리딩의 방법이 원리원칙에 고착된 것이 아니라, 때론 탄력적이고 유연해야 하는 것이다.

인간사는 다양한 변수들로 이루어져 있다. 그때그때 최고의 선택을 하기 위해서는 통찰력과 지혜가 필요하다. 이런 점에서 리더십은 그 누구에게나 필요한 능력이 된다.

흔히 우리는 자신을 '세상이라는 무대에 있는 배우'로 비유한다. 그건 반만 맞는 소리다. 우리는 배우이자 연출자가 되어야 한다. 자기 삶을 감독해야 하는 것이다. 철학자 지그문트 바우만은 각자 자기 인생의 아욱토르Actor: author+author라고 했다. 고독을 아는 리더, 개인의 삶이 있는 리더, 자기 삶을 리딩하는 리더, 작은 연대에서 의미 있는 결정을 내리고 실천할 수 있는 리더, 인생의 아욱토르. 그가 진정한 리더다.

우리 아이가 이런 리더, 이런 리딩의 삶을 살기를 바란다.

Chapter 4
외모

외모 지상주의?
스타일 자유주의!

너는 종종 살을 빼야겠다고 말하곤 하지. 물론 말뿐이지만. 엄마는 너의 그 말뿐인 다이어트가 다행이라고 생각해. 살을 빼야겠다는 강박관념은 없는 거니까. 그냥 좀 더 날씬해졌으면 하는 바람은 누구나 가질 수 있는 거니까. 정말로 살을 뺀다고 밥을 굶고 신경질을 부린다면 신체적으로도 정신적으로도 잘 자라지 못해.

조금 통통한 건 괜찮아. 만약 통통한 게 아니라 심각한 비만이라면 식이조절과 운동으로 체중을 감량해야겠지. 무조건 굶으면서가 아니라 차근차근 의학적으로도 타당한 방법을 찾아야 하는 일이란다.

'고아성'이란 배우가 멋있다고 했지? 객관적으로 봤을 때 그녀는 다른 연예인에 비해 예쁘다고 말할 수는 없잖아. 대신 그녀에겐 독특한 아우라가 있지. 자기만의 애티튜드Attitude도 있고. 그녀가 드라마나 영화에서 주연을 하는 이유, 알겠니? 아마 그녀는 자기 삶에서도 주연일걸?

엄마는 네 스타일이 마음에 들어. 무심하게 걸치는 점퍼도 좋고, 날씨가 너무 춥지 않다면 반바지를 즐기는 너의 취향도 좋아. 너는 점점 더 스타일을 계발해나가겠지. 특히 네 영혼이 어여쁜 소녀를 향할 때 말이야. 어떻게 어여쁜 소녀를 만나냐고? 사람을 만나는 일은 정말로 유유상종이란다. 네가 훌륭한 아우라를 지닐 때 그 아우라를 알아본, 역시나 아우라 있는 소녀가 다가올 거야. 너와 거의 동시적으로.
외모와 살에 대한 강박관념은 어리석은 생각이라는 걸 이제 알겠지?

◆ ◆ ◆

살을 빼야겠다고 생각하는 청소년이 많다. 날씬해야 멋있다고 믿는 거다. 하지만 살을 빼야겠다는 강박관념은 외모 콤플렉스와 결합한 것이다. 그런 강박과 콤플렉스를 가진 사람은 결코 멋있을 수 없다. '멋'은 자존감에서부터 나오는 것이기 때문이다. 자존감이 있어야 자연스럽고 품격 높은 애티튜드가 생겨난다.

남의 눈에 예쁘게 보이기 위해서 살을 빼려는 강박관념을 가지고, 자신을 학대하는 사람은 자기 인생의 주인공이라고 할 수 없다. 어쩌면 자기 인생 속에 자기 자신이 없을 수도 있다. 자기 삶을 살지 않고 남이 원하는 삶을 살려고 바동거리니 말이다.

누군가 흉내 낼 수 없는 한 존재의 아우라는 수치로 환산되지 않는다. 여자들의 경우 몸무게, 허리둘레, 키 등등으로 아름다움을 숫자로 환원시키려고 하지만, 그 숫자에 딱 들어맞는 여성이 무조건 매력적인 것은 아니다.

아이에게 아름다움에 대한 안목도 길러줄 필요가 있다. 이미지 시대에 이미지에 대한 교육이 없다면, 아이는 위축되거나 지나친 루키즘Lookism에 빠지게 된다. 텔레비전을 보면서 배우나 가수에 대해 비평을 하는 것도 좋은 방법이다. 단순히 외모가 좋다, 나쁘다를 평가하는 것이 아니라 그 배우나 가수가 어떤 독특한 개성을 가지고 있는지, 왜 호감을 느끼게 만드는지, 아우라가 있는지 없는지 등을 얘기해보는 것이다.

자신의 얼굴을 찍고 만족하는 '셀카 중독'도 생각해봐야 할 문제다. 셀카가 자기 자신을 관찰하고 기록함으로써 자신을 계발하는 행위라면 의미가 있을 것이다. 하지만 자신의 모습에 도취되어서 사진을 찍거나, SNS에 자신을 전시하기 위한 것이라면 아무 의미가 없다. 셀카를 찍으면 찍을수록 자기 자신은 사라진다. 외적인 이미지에만 집착해서 있는 그대로의 자신을 들여다보지 못하게 되는 것이다.

'몸짱', '얼짱' 신드롬도 코미디다. 몸짱이나 얼짱엔 상투적인 스테레오타입이 있다. 키와 몸무게, 얼굴의 생김새, 몸의 선과 양감 등이 정해져 있다. 몇몇 사람은 거기에 맞추려고 운동 중독이나 성형 중독이 되기도 한다. 여기엔 개인의 고유한 아름다움이 드러날 가능성이 없다.

외모는 아무것도 아니라는 말이 아니다. 내적인 아름다움만 중요하다는 말도 아니다. 내면이 아름다우면 외모에 우러나온다. 그게 '스타일'이다.

'대중문화의 퍼스트레이디'라는 별명을 가진 수전 손택은 《해석에 반대한다》라는 책에서 스타일은 총체적인 것이라고 했다. 스타일은 단지 장식이 아니고 영혼이다. 영혼이라고 해서 너무 심각하게 받아들일 건 아니다. 내면과 외면이 통합적으로 자연스럽게 드러나는 게 스타일이다.

철학자 레비나스는 '얼굴의 윤리학'을 말한 바 있다. 얼굴이나 외모는 내가 다른 사람에게 내보이는 첫 번째 기호다. 나의 외형을 보고 남들은 어떤 분위기를 직감한다. 자신과 소통을 할 수 있는지 아닌지도 가늠하게 된다.

자연스러운 얼굴은 지속해서 '기호작용'을 한다. 기호작용이란 기표가 기의를 만드는 것을 의미한다. 얼굴이 하나의 기호가 되어 끊임없이 의미를 발산한다. 의미가 풍요로울수록 그 사람은 매력적이고 신비한 사람이 된다. 그렇기 때문에 획일화된 미美의 기준에 자신을 맞추어서는 안 되는 것이다. 획일화는 기호작용을 파괴하는 일이기 때문이다.

텔레비전을 보면서 아이가 말했다.

"왜 저 사람은 자기의 개성미를 스스로 없애버렸을까?"

내 아이의 의아해하는 표정, 그 통통한 볼 한가운데 각각 2mm, 1mm 정도 되는 두 개의 점이 계속 기호작용을 하고 있다.

자신의 변화를 보는
즐거운 다이어트

드디어 너에게 다이어트 비법을 알려줄 때가 되었구나. 엄마가 다이어트 비법을 알려주는 이유는 네가 살을 빼야 하기 때문이 아니라, 네가 스스로 어떤 체형과 건강, 생활 패턴을 가지고 싶어 한다고 판단했기 때문이야.

엄마는 네가 날씬해지기 위해서가 아니라 진짜 자신의 모습을 갖고 싶어 한다는 걸 느꼈단다. 그런 거란다. 무조건 살을 빼기 위해서, 남에게 날씬한 모습을 보이고 과시하기 위해 다이어트를 하려 한다면 그건 처음부터 실패야. 체중을 줄였어도, 이미 네 영혼은 피폐해져 있을 거니까. 당연히 요요현상이 따라오겠지? 하지만 네 마음에 뭔가가 생겨서, 그 때문에 식이조절을 하고 싶다면 그건 네가 성숙해지고 있다는 증거야.

다이어트 비법을 알려줄게. 이 다이어트는 정말 재미있지만, 인내심까지 길러준단다. 인내심이라고 하니까 벌써 지치는 느낌이니? 하지만 인내심이 얼마나 근사한 마음인지 너도 알게 될 거야. 또 이 다이어트는 성찰의 능력까지 키워준단다. 자기 몸을 돌아보는 건 자기 마음을 돌아보는 것과도 통하기 때문이야.

우선, 뭘 안 먹겠다고 생각하지 말아야 해. 다이어트란 게 일단 안 먹어야 하는 거 아니냐고? 아니야. 그런 부정적인 생각으로 시작하면 마음이 기쁘지 않을뿐더러 자신을 억압하게 되잖아. 사람은 기쁘고 자유로워야 한단다.

그럼 어떻게 생각하느냐. 특별한 것을 잘 먹겠다고 생각하는 거야. 다이어트는 어차피 조금 덜 먹는 건데, 덜 먹어야 한다면 더 맛있고 좋은 걸 먹어야겠지. 아무 생각 없이 배를 채우는 게 아니라 좋은 음식을 맛있게 향유하면서 생활을 업그레이드하는 거지. 특히 저녁을 덜 먹는 게 다이어트에 효과적인데, 그렇게 되면 밤에 배가 고프겠지? 그럼 생각하는 거야. 내일 맛있는 걸 먹겠다고. 게다가 그날 점심에 맛있는 걸 먹었다면 충분히 행복한 거잖아. 저녁 시간은 굶는 시간이 아니라, 다음 날 아주 맛있는 걸 먹기 위해 쉬는 시간이 되는 거지. 배에서 꼬르륵 소리가 난다면, 그건 살이 빠지는 소리란다. 얼마나 기쁘니? (좀 과장 같긴 하지만 다이어트 또한 마인드 컨트롤이 필요하니까.)

천천히 하면 돼. 갑자기 이루어지는 건 없어. 성급하게 하려 하면 오히려 빨리 실망하고 일을 그르치게 돼. 공부도 그렇잖아. 하루아침에 달라지지 않는다는 거, 너도 잘 알지? 천천히 꾸역꾸역, 그게 비법이야. 느리지만 디테일이 있지. 그 디테일이 재미란다. 조금씩 달라지는 자신의 얼굴선, 몸속, 몸매. 그걸 즐기는 거야.

◆ ◆ ◆

아이에게 다이어트를 하라고 내몰면 안 된다. 그럼 아이는 그 강요와도 싸워야 한다. 다이어트란 게 자신과의 싸움이자 자신을 달래야 하는데, 그것만으로도 너무 많은 에너지가 필요하다. 아이는 부모와도 싸워야 하고, 싸움 이후 상처받은 자신도 달래야 하니 얼마나 버겁겠는가.

그럼에도 불구하고, 어느 날 내 아이가 다이어트를 해야겠다고 딴에는 진지하게 말했다. 선언적인 감탄형 문장이 아니라 조용한 평서형 문장이라, 이번엔 '정말'이라는 걸 알 수 있었다. 다이어트는 그 시점부터 시작되었다. 특별한 건 없었다. 특별하지 않았기 때문에 어렵지 않고 자연스러웠다.

원 푸드 다이어트나 다이어트 식품으로 식사를 대체하는 건 어리석은 행동이다. 배만 채우기 위해 칼로리 낮은 음식을 많이 먹는 것도 나쁜 방법이다. 그렇게 되면 오히려 탐식하게 된다. 욕망을 누르면 누를수록 제어할 수 없는 큰 욕망이 생기는 법이다.

다이어트는 자신과의 대화다. 먹고 싶은 나, 살 빼고 싶은 나, 아름답고 싶은 나, 게으른 나, 참을성 없는 나, 새롭게 도약하고 싶은 나 등등 수없이 많은 나와의 갈등이다. 그 내적 갈등을 다 조정해나가야 하니 자아의 힘이 길러질 수밖에 없다.

다이어트가 흥미로운 또 다른 이유는 호기심과 설렘을 충족해주기 때문이다. 다이어트를 하면서 자신이 어떻게 변할지 상상해보게 된다. 그러면서 하루하루 조금씩 달라진다. 이 세상 모든 자연의 변화가 아름답지만, '나'라는 '자연'이 변하는 모습을 보는 것도 무척 흥미로운 일이다. 어느 날 조금씩 선명해진 턱선, 매혹적인 허리선, 고혹적으로 보이는 눈매를 자신의 얼굴에서 볼 수 있게 되는 거다.

중요한 사실이 있다. 체중은 절대로 급격히 줄지 않는다는 것. 말했지만, 즐겁게 다이어트를 하려면 단식이나 지나친 절식은 피해야 한다. 다이어트를 하는데도 불구하고 체중이 늘 때도 있다. 그건 살이 근육이 되는 과정이거나, 호르몬 변화로 인한 일시적인 현상일 수도 있다. 혹시 모른다, 어쩌면 지구의 중력이 일시적으로 변한 것일지도.

우리 몸에는 2만 개가 넘는 유전자와 60조 개의 세포가 있다. 그렇게 복잡한 우리 몸이 어떻게 기계적으로 매일매일 일정할 수 있겠는가. 어떤 날은 0.5kg이 줄어있기도 하고, 어떤 날은 특별히 과식을 안 했는데도 1kg이 늘 수도 있다. 그게 몸의 신비다. 그 신비를 즐길 줄도 알아야 한다.

그래도 체중이 늘어서 마음이 안 좋을 때는 옷을 입어 보는 거다. 몸에 옷이 예쁘게 들어맞는 걸 확인하게 된다. 그럼 됐다. 경우에 따라서는 체중보다 체형이 더 중요하다.

체중은 한 달에 1~2kg 정도 줄면 충분하다. 6개월이면 6kg 이상이 줄어든다. 이렇게 다이어트를 하면 요요현상도 없다. 식습관이 바뀌고, 매일 맛있는 것을 먹고, 자아 성찰도 하고, 인내심도 기르고, 긍정적인 사고방식도 생기고, 몸속이 깨끗해지고, 피부가 맑아지는 등 다양한 변화가 생길 것이다.

하루, 이틀 다이어트를 못했다고 체념해서도 안 된다. 우리 몸은 영혼과 마찬가지로 분절적인 것이 아니다. 이틀 다이어트 안 했다고 체중이 확 증가하지 않는다. 며칠 지나보면 오히려 더 많이 빠져 있기도 하다.

만약 아이가 과식을 했다면, 그건 다음 다이어트를 위해 영양을 비축한 거라 생각하라고 위로해줘야 한다. 다이어트도 체력이 있어야 하는 거라고. 게다가 6개월 이상 다이어트를 할 건데, 180일 중 며칠일 뿐이다. 그게 무슨 대수겠는가. 아이는 6개월이 지나도 소식의 습관을 유지하게 되고 건강한 '나'로 살게 되는 거다.

에피소드가 있기는 하다. 엘리베이터에서 내 아이는 이웃사람으로부터 '날씬해졌다'는 말을 들었다. 아이가 성취감을 느끼는 것 같지 않았다. 그저 재미있어했다. 성취감은 완결된 일에 대해서 느끼는 감정이지만, 재미를 느끼는 것은 앞으로도 그 행위를 지속시키는 동기가 된다.

아이가 물었다. 엄마가 어떻게 다이어트에 대해서 그렇게 잘 아느냐고. 혹시 시중에 나와 있는 그 수많은, 이론만 있는 다이어트가 아니냐고.

질문에 대한 내 대답은 이렇다. 인문학은 '몸'에 대해서도 성찰하는 학문이다. 진정한 다이어트란 살을 빼는 것이 아니라 진짜 '나'의 모습을 찾는 과정이다. 다이어트를 한다고 다이어트에만 신경을 쓰면, 오히려 다이어트에 방해가 될 뿐이다. 심적 부담은 많은 일을 그르치게 되어 있다. 특히 자기 몸과 관련된 일은 더욱 그러하다.

굳이 말하자면, 이건 다이어트도 뭐도 아니다. 그냥 '나' 자신을 더 '나답게' 만드는 과정이다. 그런 마음으로 생활하면 나의 진짜 몸도 찾을 수 있게 되는 것이다.

아름다움과 자연스러움

누구나 자신이 아름답기를 원하지. 아름다운 곳에서 살고 싶고, 아름다운 사람과 만나고 싶고.

만약 백 명의 사람에게 자신이 가장 아름답게 보이도록 치장을 하게 한 후 무대 위에서 평가를 한다면 어떤 결과가 나올까? 정말 그 백 명 모두가 다 아름다울까?

아닐 거야. 아름다움을 평가하는 기준이 없고, 아름다움이란 것이 주관적이기 때문만은 아니란다. 그 백 명 중에 아름다움에 대한 안목이 제대로 형성되지 않은 사람이 있기 때문이지. 아름다움에 대한 안목이 없다면 아름답게 꾸민다고 한 것이 오히려 자신의 미美를 해치게 만들 수 있겠지?

우리 주위를 살펴봐도 알 수 있잖아. 돈 많은 사람이 자신을 꾸미려고 명품으로 휘둘렀다 하더라도 그 사람이 꼭 아름다운 건 아니지. 마찬가지로, 성형을 해서 자신이 가질 수 있는 아름다움을 스스로 거세해 버린 사람도 있지.
아름다움에 대한 안목이 있다면 이런 실수는 하지 않을 거야. 아름다움에 대한 안목이야말로 자신이 가진 아름다움의 잠재력을 끌어올리게 해준단다.

◆ ◆ ◆

아름다움은 자연스러움에서 나온다. 자연스러움은 아무것도 하지 않는 것을 의미하는 게 아니다. 상황에 어울리는 것이 가장 자연스럽다는 거다. 원래 청바지는 자연스러운 복장이지만, 영화제에 배우로서 레드카펫을 밟는다면 청바지는 부자연스럽다. 맥락에 최적화된 말이 좋은 말이듯, 상황에 최적화된 모습이 가장 아름답다.

장건재 감독의 영화 〈한여름의 판타지아〉엔 아름다운 청춘이 등장한다. '혜정'과 '유스케'다. 혜정은 일본 나라현의 소도시 고조를 여행하는 중이다. 그녀는 편안한 티셔츠에 긴 면 스커트를 입고 낮은 샌들을 신었다. 혜정은 고조에서 감 농사를 짓고 있는 청년 유스케를 만났다. 그 또한 빛바랜 티셔츠에 통이 낙낙한 면바지를 입었다. 둘은 여름날에 가장 어울리는 모습을 하고 있다. 편안한 그들의 표정 속에 청년 특유의 긴장감이나 설렘도 언뜻언뜻 비친다.

혜정이 말한다.

"아무것도 없는 게 좋았어요. 나한텐 그런 시간이 필요했어요."

고조는 그런 곳이었다. 노인들이 많고 성장이 멈춘 조용한 도시. 유스케가 혜정에게 묻는다.

"오래 살고 싶어요?"

혜정이 대답한다.

"적당히."

혜정의 "적당히"라는 말보다 그렇게 말하는 혜정의 표정이 더 적당해 보인다.

혜정의 직업은 배우지만 그녀에게는 배역이 없다. 청년실업은 어디에나 있었다. 혜정은 배역 없는 실업자다. 하지만 그녀는 일자리를 찾으러 다니는 것이 아니라, 일과 전혀 상관없는 고조에 당도했다. 가장 일과 상관없는 곳에서 무언가를 찾으려 했던 거다.

둘이 헤어질 즈음, 혜정은 유스케에게 말한다.

"무엇을 찾아야 하는지 모르겠지만, 어떻게 찾아야 하는지는 알겠어요."

유스케는 혜정의 모호한 말을 정확히 해독하는 듯하다. 그가 혜정에게 건넨 말은 이랬다.

"혜정은 예쁘니까 그대로 자연스럽게 있으면 돼요."

이 영화에서 눈에 띄는 장면이 있다. 유스케가 선물이라면서 혜정에게 말린 감을 두 봉지 건네는 장면이다. 그런데 혜정은 그 두 봉지 중에 한 봉지만 받는다. 그리고 그 감 봉지를 껴안는다. '선물'이 무엇인지 아는 사람의 모습이다. 만약 감 두 봉지를 덥석 받았다면 '선물'이 아니라 그저 관광객이 받는 '특산품'쯤으로 보였을 거다. 그건 유스케가 판매하는 감 봉지였기 때문이다(그것도 자기 차에 쟁여두었던). 혜정은 처음엔 사양하다가 끝내 가까스로 받아서 소중히 품었던 것이다.

혜정과 유스케는 광고나 드라마 주인공 같은 외모가 아니다. 어떤 기준에 자신을 맞추고 잘라내고 붙여낸 모습과는 거리가 있다. 그들은 있는 그대로의 몸으로 자연스럽게 시공간 속을 거닌다. 그러면서 자기 자신으로서 성장 중이다. 그들은 다른 사람과 자신을 비교하지 않는다. 다른 사람이 자신을 어떻게 볼까에 대해서도 무심하다. 다만 자신의 일을 어떻게 하면 더 사랑할 수 있을까, 어떻게 하면 더 가치 있게 만들 수 있을까 고민한다. 그 마음이 '외면의 아름다움'으로 드러난다.

유스케가 혜정에게 묻는다. "오늘 밤, 불꽃놀이 축제에 같이 갈래요?" 왜 물었겠는가. 두 사람 사이에 특별한 감정이 생겼기 때문이다. 자기에게 집중하기 시작한 두 사람은, 그 집중력 때문에 서로를 알아본다. 이 또한 인간관계의 역설이다. 상대에게 집중할 때 상대를 알게 되는 것이 아니라, 자기 자신에게 집중할 때 상대를 알아보게 된다. 혜정도 유스케를 알아봤지만, 불꽃놀이에 가지 않는다.

혜정은 여행자다. 다시 한국으로 돌아가야 한다. 유스케는 고조를 떠날 수 없다. 둘은 '여기까지'라는 걸 안다.

이별은 그래서 더 아름답다. 혜정은 유스케의 팔목에 전화번호를 쓴다. 유스케는 전화번호를 보지 않고, 그것을 쓰고 있는 혜정의 얼굴을 본다. 그리고 입맞춤. 그 입맞춤은 헤어짐이 아쉬워서가 아니라, 만남의 소중함을 간직하기 위해서다. 서로에게 감사하는 마음의 표현이기도 하다.

유스케는 혜정에게 말한다.

"꿈도 좋지만, 꿈의 노예가 되는 건 아닌 것 같아요."

불꽃놀이의 아름다움은 '불꽃'에 있는 것이 아니라 '사라짐'에 있다. 터질 때 아름다운 것이 아니라 사라져가는 모습이 아름답다. 혜정과 유스케, 둘의 관계도 그랬다. 둘이 만나서 이곳저곳을 다닐 때는 귀엽고 사랑스러웠지만, 헤어지는 모습은 아름다워서 눈물겨웠다.

〈한여름의 판타지아〉에는 불꽃놀이만 있는 것이 아니다. 맥주도 있다. 둘은 담배를 나누어 피우기도 한다. 다른 사람에게 피해를 주지 않는 불량함을 짧게 공유하는 것도 우정의 한 방식이다.

제목에 '판타지아'가 나오는 이유를 말할 차례다. 이 영화는 가장 아름답고 자연스러운 시간이 판타지아를 만든다는 진실을 담고 있다. 판타스틱한 아름다움을 보여주는 것이 아니라, 자연스러운 아름다움이 오히려 판타지아를 만든다는 것을 보여주는 것이다.

〈한여름의 판타지아〉를 보면서 청년이 된 아이의 모습을 상상해보기도 했지만, 그보다 나 자신의 청춘 시절을 더 많이 되돌아보았다. 청춘이란 '젊음'이라는 물리적 나이가 아니라, 삶의 태도와 관련된 거라는 말도 있다. 하지만 굳이 그런 재정의로 청춘의 범주에 들고 싶지는 않다. 다만, 자연스럽고 싶다.

내 아이에게도 마찬가지다. 작위적인 훈육으로 내 아이의 자연스러움을 잃게 하고 싶지 않다. 나는 자연스러움이 가장 아름다운 판타지를 만든다고 믿는다.

PART 2

나보다 더 먼 미래를
살아갈 아이에게

Chapter 1

부모와 가족

갈등에도 기술이 필요하다

물론, 반항해도 돼. 중요한 건 그 반항이 단지 변명이나 분노는 아니어야 한다는 거야. 엄마가 틀렸다고 생각한다면 왜 틀렸는지 잘 생각해서 엄마를 설득해야 해. 엄마와 의견이 다르다면 네 생각을 조리 있게 말하기 위해 노력해주면 좋겠어. 엄마와 네가 같을 수는 없어. 우리는 모두, 독립된 존재니까.

네 안에 '너 자신'이 들어 있어야 해. 그걸 '주체'라고 하지. 너도 주체고 엄마도 주체야. 그러니 충돌은 당연한 거지. 충돌이 없는 게 더 비정상인 거야. 하지만 상대에게 무조건 화를 내고, 화가 난다고 침묵해버리면 상황과 관계는 더 나빠질 거야.

너는 벌써 이렇게 생각하지? '엄마도 화내면서…….' 그래, 엄마도 그렇지. 엄마도 너에게 차근차근 얘기하기보다는 화를 버럭 낼 때가 있지. 아, 사람이라서 그래. 사람이라서. 하지만 엄마가 얼마나 많이 반성하는지, 그것도 알지?
그런 거란다. 잘못하고 반성하고 다시 잘못하지. 그러면서 성장하는 거야. 엄마도 너로 인해 성장해.
엄마는 죽을 때까지 성장해갈 거야. 엄마의 목표란다. 점차 성숙해지는 것 말이야. 그러니 우리 서로의 성장과 성숙을 지지해주자.

◆ ◆ ◆

고마운 것은, 내 아이가 점점 더 나를 이해하고 있다는 점이다. 내가 아이에게 "너 요즘 점차 좋아지고 있어"라고 말했을 때 아이는 잘 모르겠다고 했다. 정말 모르겠다는 듯, 자신은 전혀 바뀌지 않았다는 듯이 말할 때 나는 조금 감동하기도 했다. 자신의 변화를 스스로가 모를 정도라면, 아이는 정말 진심으로, 자연스럽게 좋아진 거니까 말이다.

미안한 것은 있다. 내가 아이를 야단치면서 간혹, 아니 자주, 아이가 이해하지 못할 단어를 쓸 때, 복잡한 논법으로 아이를 다그칠 때, 아이가 꼼짝 못 하고 가만히 있을 때다. 하지만 그 순간 나는 최선을 다해 정확하게 말하기 위해 그러는 것이다. 대충 쉽게 말하기 위해 얼버무리면 나의 뜻이 그대로 전해지지 않으니까.

원래 '상호이해'는 충돌에서 이루어진다. 갈등하고 충돌하지 않으면 서로의 진면목을 알기 어렵다. 철학자 알랭 바디우는 주체와 주체의 마주침에서 진정한 이해와 사랑이 나온다고 했다. 그는 마주침을 사건 Event이라고도 했는데, 이 사건을 통해 서로가 성장할 수 있는 것이다.

두 사람이 결코 하나가 될 수는 없다. 하나가 된다는 건 한쪽이 다른 한쪽에 흡수되는 경우일 뿐이다. 그건 폭력이다. 너는 너대로, 나는 나대로, 각자가 주체로서 서로에게 최선을 다해서 이야기하고 표현할 때 '마주침'이 생긴다. 그것으로 의미 있는 '사건'이 만들어지고 그 안에서 서로를 더 잘 이해하게 되는 것이다.

아이와 부모는 잘 갈등해야 한다. 생산적인 갈등은 중요하다. 아이에게도 말할 기회를 줄 필요가 있다. 아이가 갈등 상황에 집중하고 부모의 말에 반박할 수 있는 시간도 필요하다.

아이의 입장에서는 그냥 야단맞는 게 더 편하다고 느낄 수 있다. 오히려 어떻게 제대로 반항해야 하는가를 생각하는 것 자체가 더 큰 벌일 수도 있다.

부모 입장에서도 힘든 일이다. 아이가 자기 나름대로 타당하게 논박한다고 해도 부모로서는 전혀 아니라고 느낄 것이다. 이건 일종의 부작용이다. 우리 집도 그렇다. 내가 가르친 반항 기술 때문에 야단치는 상황이 이상하게 변질되기도 한다. 그럴 땐 이렇게 못 박는다.

"일단 엄마 말을 들어. 지금은 네가 말할 때가 아니야."

그럼 아이는 조용해진다. 내 목소리도 조곤조곤해진다. 다 말하고 나서 아이에게 발언권을 줄 때도 있고, 주지 않을 때도 있다.

마무리가 중요하다. 화난 듯이 그 자리를 박차고 나가면 안 된다. 마무리다운 마무리가 필요하다.

"네가 엄마 말을 잘 이해했다고 생각한다. 다음엔 좀 더 좋은 대화를 하자."

조금 억지스러운 마무리이지만, 때로는 '형식' 자체가 '내용'이 될 때가 있다. 형식을 갖춘 마무리로 아이와 부모 모두 일상으로 잘 복귀할 수 있다.

사랑의 기술도 중요하지만, 그보다 중요한 건 갈등의 기술이다. 특히 부모, 자식 관계에서는 더욱 그렇다. 부모와 자식은 사랑할 수밖에 없는 존재다. 문제는 갈등할 때인데, 갈등을 잘함으로써 서로를 더 이해하고 발전시킬 수 있다.

아이는 '잘 반항하기'를 통해 갈등하는 방법을 터득하고 점차 세상 전체를 상대로 잘 갈등하는 방법을 체득하게 될 것이다.

타협만이 길이 아니란 걸 우리는 안다. 때로는 생산적인 싸움을 해야 할 때가 많다. 아이는 부모에게서 그것을 배우게 되는 것이다.

엄마에게도 감정 기복이 있다

엄마는 감정 기복이 심한 편이지? 감정 기복이라고 했지만, 실은 변덕이라고 해야겠지. 하지만 알아야 한단다, 엄마도 여자라는 것을.

"엄마도 여자다"라는 명제는 정말로 광범위해. 모든 엄마의 약점을 "엄마도 여자다"라는 명제로 덮어버리려 한다고 비판하겠지만, 유감이구나. 그럴 수밖에 없어. 호르몬이란 건 정말 무소불위無所不爲란다. 못하는 일이 없는 게 바로 이 호르몬이야. 그러니 변덕을 부리는 것은 엄마가 아니라 엄마도 어쩌지 못하는 호르몬이라는 걸 알아주면 좋겠어. 엄마에게조차 이 호르몬은 '타자'야. 주체가 어떻게 하지 못하는, 완벽하게 주체로부터 벗어나 있는 그 타자 말이야.

그럼, 남자는 호르몬이 없냐고 말하고 싶겠지? 있긴 하지. 하지만 작용하는 게 달라. 너도 알겠지만, 남자는 생식선 자극 호르몬이 분비되는 순간이 정해져 있어. 성적 자극을 받으면 즉시 생식선 자극 호르몬이 분비되지. 하지만 여자는 수정이 가능한 상태를 유지해야 하기 때문에 항상 생식선 자극 호르몬이 분비된단다. 정말 불편하겠지? 그래, 불편해. 게다가 생식선 자극 호르몬이 감정에 극심하게 영향을 미치는 탓에, 여자는 평생 감정 기복이 심한 상태로 살 수밖에 없어. 이것이 바로 네가 변덕이라고 부르는 감정 기복의 실체야. 그러니 여자의 변덕에 대해서는 비난이 아니라 연민을 해주는 게 좋겠지?

더구나 엄마는 갱년기를 앞둔 사십 대 여자잖니. 이 시기의 여자들에겐 행복 호르몬인 세로토닌이 적게 분비되거든. 세로토닌은 심리적 안정감과 만족감을 주는 호르몬이야. 예컨대 네가 이를 안 닦거나 옷을 아무렇게나 벗어 놓더라도 세로토닌만 풍부하면 엄마는 대략 만족하면서 네 상태와 옷을 그대로 둘지도 몰라. 하지만 세로토닌이 고갈됐으니 네 치아가 상하는 것이 걱정되고, 정리를 못 하는 네 습관이 우려된단다. 그러니 야단을 칠 수밖에. 알겠지? 왔다 갔다 하는 감정은, 왔다 갔다 하는 호르몬 때문이야. 마치 켜졌다 꺼지기를 반복하는 고장 난 형광등과 같아.

엄마만 그러는 건 아니란다. 나중에 네 여자친구도 그럴 거야. 여자친구가 아내가 되면 더 신경 써야 하겠지. 너는 여자를 이해하는 남자가 되었으면 해. 물론 그 호르몬을 이용하거나 혹은 전혀 제어하지 못하는 미성숙한 여자를 곁에 두면 안 되고.

◆ ◆ ◆

재능이 특출한 아이들이 있듯이, 모성 능력이 타고난 엄마들도 있다. 이런 엄마들은, 공부하라고 말하지 않아도 밤 열두시를 훌쩍 넘기며 공부하는 아이들처럼, 드물다. 나 역시 늘 일관적이고 마음의 평정을 잃지 않은 채 아이를 제대로 훈육하는 엄마들을 도저히 따라갈 수 없다. 하지만 잘못된 건 아니다. 재능과 공부가 타고난 아이들이나, 엄마 능력이 타고난 엄마들은 극소수다. 내 아이와 나는 나머지 대다수에 속한다.

그래서 나는 '비교'를 안 한다. "다른 집 애는 이런데, 너는 왜 그러니?"와 같은 말을 안 하는 것이다. 아이도 그렇게 생각할 수 있기 때문이다. "다른 집 엄마는 이런데, 엄마는 왜 그래?" 이런 말은 정말 속상하지 않은가. 이런 식의 단순 비교는 각자의 개별성을 지워버린다.

아이에게 부모 자신의 특성을 알려줘야 한다. 부모도 부모이기 이전에 개성이 있는 개별자라는 것을 알려줄 필요가 있다. 자신이 어떤 성격인지, 어떤 단점이 있는지, 이 단점은 어떻게 작용하는지, 왜 이 단점을 쉽게 고칠 수 없는지를 아이가 이해할 수 있도록 말해주는 것이다.

내 가장 큰 단점은 감정 기복이다. 부모로서 이것이 최고의 맹점이다. 부모의 가장 큰 덕목이 일관성이라는데, 나는 감정 기복 자체가 일관적으로 잦다.

좀 민망하지만, 아이에게 이렇게 말하기도 했다.

엄마는 글을 쓰는 사람이니 세상일에 자극을 잘 받을 수밖에 없다. 외부 사건에 자극을 받는 것은 일종의 능력이기도 하다. 이것을 '감성'이라고 한다. 감성적인 사람은 감정 기복이 심할 수밖에 없다. 글을 쓰는 엄마가 싫지 않다면 엄마의 감정 기복도 받아들여야 한다. 아니 네가 받아들이건 받아들이지 못하건, 이건 엄마의 천성이니 어쩔 수가 없다. 엄마도 처음엔 엄마의 이런 성향이 싫었지만 이 성향 또한 삶에 긍정적인 역할을 할 수도 있다는 마음으로 받아들이기로 했다. 너에게도 이런 천성이 있지 않니. 그러니 우리 서로 받아들일 건 받아들이자. 등등.

나의 이런 논리가 일상에서 늘 합리적으로 적용되는 것은 아니라서, 아이는 나의 감정 기복에 과잉 대응하기도 한다. 아이가 볼거리를 할 때도 그랬다. 아이는 열흘 동안 학교에 가지 못했다. 그렇게 쉬고 난 이틀 뒤에는 기말고사였다. 잘 볼 리가 없었다. 아이는 몇 번이고 시험점수를 잘 받지 못해도 야단치거나 화내지 말라며 내 다짐을 받아냈다. 물론 그러겠다고 약속했다. 그럼에도 불구하고 아이는 걱정이 되었는지 각서를 쓰자고 했다. 하도 기가차서 그러자고 했다. 너무 황당하면 그냥 받아들이는 게 낫다. 아이가 써온 각서에는 이런 문장이 있기도 했다. 각서의 전형적인 패턴을 완전히 벗어난 문장.

'엄마는 내가 시험을 못 쳐도 뭐라고 하지 않겠다고 했다.'

그 밑엔 자기 이름이 있었고, 이어서 내 이름을 쓰고 사인도 하라고 다그쳤다. 키가 185cm나 되는 녀석이 볼거리를 하는 것도 적응이 안 되는데, 부은 볼에 웃음과 장난기를 한껏 담아 각서를 쓰자고 콧소리를 내는 건 더 적응이 안 돼서 사인을 하고 말았다.

"엄마, 절대로 마음 변하면 안 돼요."

당연히. 마음이 변할 리가 없다. 아이는 감정 기복의 대상이 아니다. 엄마라는 존재의 감정 기복은 맥락과 현실을 무시한 것이 아니다. 가령, 아이가 버릇없이 말할 때, 어떤 경우는 그냥 넘기고 어떤 경우는 야단을 치는 것이 감정 기복에 해당된다. 하지만 이럴 때도 다 이유가 있어서다. 그냥 넘기는 것에도 그럴 만한 이유가 있고, 야단을 칠 때도 그럴 만한 이유가 있다. 감정은 상황과 정도와 맥락과 호르몬 등등의 이유와 변인으로 발산된다. 반복하지만, 감정 기복은 이 모든 이유와 변인에 자극을 받는 예민한 감성 탓이다.

엄마로서 감정 기복이 단점이기도 하지만, 감정 기복의 원인인 감성만 잘 이용하면 개성 있는 엄마가 될 수도 있다. 이 감성이 아이를 관찰하고 해석하는 동력이 될 수도 있다는 얘기다.

자기 식대로, 자기 가족의 방식대로 서로 사랑하면서 살면 된다고 믿는다. 서로 시행착오를 겪으면서, 그것을 피드백Feedback하면서 성장해 가는 거다. 사건, 사고가 많아지는 만큼 나중에 기억할 만한 추억도 많아지는 것이다. 어쩌면 혼자서도 공부 잘하고 제 갈 길 스스로 찾는 아이와 묵묵히 엄마 역할을 잘하는 완벽한 엄마의 조합보다 이런 조합이 더 나을지도 모른다.

부모도 노인이 된다

엄마는 아주 가끔, 네가 여든 살 쯤 되었을 때를 상상해봐. 물론 외모는 잘 상상이 되지 않아. 하지만 네가 참 좋은 사람이 되어 있을 거라는 믿음이 있어. 네가 여든이 되면 엄마는 네 곁에 없겠지.

엄마가 여든 살이 되면 어떨까. 너는 쉰 살이 되겠구나. 엄마가 가끔 얘기하지. 어떤 일을 결정할 때, 아니면 자신이 지금 잘하고 있는지 묻고 싶을 때, 일흔 살쯤 된 네가 지금의 너에게 뭐라고 말해줄까를 생각해 보라고. 엄마도 그 방법을 쓰거든. 그럼 현명한 결정과 용기 있는 판단을 하게 되니까.

생의 마지막 순간은 어떨까, 하고 생각하기도 해. 사람의 일이란 게 어떻게 될지 알 수 없어 속단할 수는 없지만, 그래도 만약 노인이 돼 천수를 다하고 죽는다면, 그때 우리는 어떤 장면 속에 있게 될까?

〈책도둑The Book Thief〉이란 영화가 있어. 주인공은 '리젤'이라는 여자인데, 그녀에 대해 '죽음의 사자'는 이렇게 말한단다.

"그녀는 삶에 대한 경이로움을 느끼게 해준 몇 안 되는 영혼 중 하나였습니다."

죽을 때 이런 느낌이면 좋겠다는 생각이 드는구나. 죽음의 사자가 좀 섬뜩하니? 하지만 천사보다는 나을 것 같아. 천사의 이미지는 상투적이고 덜 신비롭거든. 죽음의 사자는 약간의 두려움을 느끼게 하면서 신비롭기도 해. 게다가 "그녀는 삶에 대한 경이로움을 느끼게 해준 몇 안 되는 영혼 중 하나였습니다"라고 말할 줄 아는 죽음의 사자는 좀 지적인 매력이 느껴지니까.

죽음의 사자는 목소리도 나쁘지 않아. 서늘하면서도 안정돼 있단다. 천사처럼 거추장스러운 날개도 없어. 그냥 목소리만 있지. 리젤의 영혼은 그 목소리를 따라 떠나.

엄마가 너무 영화에 빠져 얘기하는 것 같지? 그만큼 아름다운 영화였으니까. 삶과 죽음을 미화하지도 않고.

우리가 앞으로 어떻게 살아가고 이곳을 어떻게 떠나게 될지 모르겠지만, 순간순간 생의 경이로움을 놓치지 말아야겠다는 생각이 드는구나. 때론 아프고, 분노가 일고, 원망스럽기도 하겠지만, 또 내일이 있으니까. 내일은 그 아픔이 아름다운 치유로, 분노가 용기로, 원망이 또 다른 믿음으로 변할 수도 있거든.

◆ ◆ ◆

부모가 늙어간다는 것은 아이에게 불안감을 준다. 이 불안감을 이용하자는 건 아니지만, 인정하고 싶지 않은 사실을 인정하게 하는 것도 교육이다. 아이는 부모가 나이가 들어간다는 것, 점차 약해질 것이라는 사실을 인식하게 되면 성숙해진다. 시선 또한 자기 자신에서 타자에게로 넘어가고 나아가 더 약하고 도움이 필요한 타자를 바라보게 된다.

조부모의 사랑을 듬뿍 받은 아이들은 따뜻하고 사려 깊다. 그럴 수밖에 없다. 그 아이들은 자신을 몹시도 사랑하는, 하지만 점차 생명이 희미해져가는 한 존재의 생애를 체험한 적이 있기 때문이다. 자기도 모르게 사랑이 아픔과 닿아 있다는 것을 깨닫게 된다.

영화를 아이와 함께 봐도 좋겠다. 〈책도둑〉이란 영화는 삶과 죽음을 독특하게 보여준다. 영화의 대단원에 이르면, 소녀였던 주인공이 죽음을 맞이하는 순간이 나온다. 영화는 소녀 시절의 리젤을 보여주고, 성인으로서의 삶은 생략한 채 노인이 된 리젤의 죽음을 보여주는 것이다. 직접 보여주지는 않는다. 카메라가 리젤의 공간을 패닝Panning하면 죽음의 사자 목소리가 그 사이에서 들려온다. 영화는 저렇게 어린 여자아이도 노인이 된다는 것, 죽음의 순간에 이르게 된다는 것을 담담하게 일러준다.

영화는 2차 세계대전 중, 어린 소녀 리젤과 그 가족이 피신하는 장면에서 시작된다. 그 사이 동생이 죽고, 리젤은 엄마와도 헤어져서 독일의 한 가정에 입양된다. 그 집도 풍족하지는 않다. 양어머니는 엄격한 사람이지만 매사에 분명하고, 양아버지는 정이 많고 따뜻한 사람이다.

리젤의 양부모는 유대인 '한스'를 숨겨주게 된다. 한스는 똑똑하고 감성적이고 통찰력 있는 젊은이다. 리젤은 한스에게 매료되지 않을 수 없었다. 한스가 병에 걸리자 리젤은 한스에게 삶의 의지를 갖게 해줄 뭔가를 찾아야만 했다. 그건 '책'이었다. 그때부터 리젤은 책을 훔치기 시작한다.

리젤은 한스와 책을 읽으면서 자신이 뭔가를 표현하고 싶어 한다는 것을 알게 된다. 책을 좋아하고 많이 읽다 보면, 어느 순간 글을 쓰고 싶다는 욕망이 꿈틀거린다. 리젤도 그랬던 거다. 한스는 리젤이 사물과 사건에 대해 '정확히' 표현할 줄 안다는 것을 일깨워준다. 창의적인 표현은 별것 아니다. 더 정확하게 표현하는 것도 창의적인 표현이다.

그러나 삶은 녹록지 않다. 리젤의 양부모와 리젤과 가장 친했던 친구가 전쟁의 포화로 죽게 된다. 리젤은 살아남아 한스와 다시 재회한다. 영화는 그 시점에서부터 곧바로 리젤의 죽음의 시간으로 넘어간다. 책도둑이 어떻게 작가가 되었는지, 어떻게 의미 있는 삶을 살아가며 자신의 영혼을 아름답게 가꾸어갔는지를 죽음의 사자가 들려주는 것이다.

아이와 함께 〈책도둑〉을 보다 보면, 아마 아이는 이 장면에서 충격받을 것이다. '저렇게 어린아이도 노인이 되고 죽음에 이르는구나'라는 생각을 하게 될 것이다. 그 충격이 곧바로 삶에 대한 깨달음에 이르게 하지는 않겠지만, 종종 자신이 어떤 선택과 행동을 할 때, 진지하고 성숙한 태도를 갖게 해주는 힘이 될 것이다.

죽음은 공평하게 다가온다. 잘 살거나 훌륭하게 살았다 해도 영원한 삶이 보장될 수는 없다. 하지만 그것이 불가능하다는 것을 받아들이게 한다. 잘 살지 못한 사람일수록 죽음을 받아들이지 못하는 경우가 얼마나 많던가.

자식을 잘 키우고 싶다면, 부모가 이 세상을 떠난 후 노인이 된 자식의 삶을 상상해봐야 한다. 그때 자식이 얼마나 성숙하고 의미 있는 삶을 살고 있을 것인가를 떠올려보는 것이다.

흔히들 행복을 추구해야 한다고 생각한다. 하지만 행복은 추구해야 하는 것이 아니라, 따라오는 것이다. 가치 있고 성숙한 삶을 추구하다 보면 주변을 은근하게 비추는 행복을 발견하게 된다.

〈책도둑〉에서 죽음의 사자가 말한 것처럼 '삶에 대한 경이로움을 느끼게 하는 몇 안 되는 영혼'만이 의연하고 평화롭게 삶을 마무리하게 될 것이다.

Chapter 2

미래와 직업

미래를 위해
무엇을 준비해야 할까

2030년이 되면 네가 삼십 대가 돼. 상상이 안 되지? 지나가는 성인 남자들을 봐. 너도 키가 커지고, 목소리는 더 낮고 굵어지겠지. 네 곁에는 너의 바짓단을 붙잡고 있는 어린아이가 있을지도 몰라. 그리고 너는 너와 아이를 앞서 걷는 아내의 이름을 부를지도 모르지.

일요일 오후, 네 아내와 아이는 아이스크림을 먹으러 근처 카페에 들어갈 수도 있겠다. 그땐 먹는 게, 먹는 게 아닐 거야. 네가 지금 먹는 건 그냥 먹는 행위잖아. 그런데 아내와 아이가 있으면 그 아이스크림을 먹는 일이 가족들에게 기쁨을 주는 하나의 사건이 된단다. 그런데 그때 만약 네가 직장 때문에 피로해 하고 가족을 먹여 살려야 한다는 중압감으로 힘들어한다면, 네 아내와 아이는 기쁨 대신 부담을 느끼고 네 눈치만 보게 되겠지?

가족과 함께 행복해지기 위해서 무엇이 필요하다고 생각하니? 그건 네 바깥에서 찾는 게 아니야. 네 안에 이미 들어 있어. 그걸 이용해야 하는 거지. 너 자신을 한번 실험해보렴. 그래야 자기 자신에게 무엇이 들어 있는지 알게 되니까.

인생에서 하는 실험은 자신을 더 알게 해주고 자아를 확장시켜준단다. 앞으로 백 년을 더 살 텐데, 늘 같은 방식으로만 산다면 너무 지루하지 않겠니.

◆ ◆ ◆

미래를 위해 필요한 건 특정한 능력이나 재능이 아니다. 그보다는 오히려 능력과 재능을 스스로 찾고 계발하는 '성실함'이다. 성실을 최고의 재능이라 할 수는 없지만, 최후의 능력인 건 확실하다. 최고의 능력조차 이 최후의 성실이 없다면 빛을 발하지 못한다.

성실과 순종을 착각하면 안 된다. 주인의 명령을 따르는 낙타처럼 자기 자신의 목표 없이 사막을 쉬지 않고 횡단하는 것이 성실은 아니다. 성실함은, 다른 누군가가 아니라 자기 자신을 위한 일이다. 자기 자신을 사랑하고 자신의 가치를 인정하기 위해서 필요하다.

또한, 성실은 자기 인생에 대한 예의다. 뭔가를 좋아하는 것만으로는 충분하지 않다. 좋아하는 것을 더 좋아하기 위해서는 그것을 위해 노력해야 한다. 가령, 음악을 더 좋아하기 위해서 음악을 더 공부하고 문학을 더 좋아하기 위해서 문학을 더 많이 접해야 한다. 그런 과정에서 인생의 진짜 묘미를 알게 된다. 인간이 태어나는 이유도 아마 여기에 있을 것이다. 자기의 가치를 세상에 성실하게 실현하는 것 말이다.

성실함의 미덕이 점차 사라져가는 것 같다. 무언가를 우직하게 하고 있으면 어리석다고 평가하기까지 한다. 하지만 한 개인의 능력과 발전 속도는 비례하지 않는다. 발전이 더디더라도 꾸준히 하는 것이 그 개인을 성장시키는 데 더 중요한 인자가 된다. 아이가 성실함을 갖게 하려면 부모에게 기다림이 필요하다. 기다림은 성실함을 갖추는 일만큼 어렵다.

인공지능이 발전한다 해도 인간만이 할 수 있는 일이 더 가치 있을 것이다. 하지만 학습 속도는 딥 러닝Deep Learning이 가능한 인공지능이 훨씬 빠를 것이다. 그러니 더욱 성실할 필요가 있다. 스스로를 믿고 사랑하는 마음을 가지며, 자신만이 할 수 있는 일을 꾸준히 해야 한다.

이젠 뉴스 기사도 인공지능이 쓰는 시대다. 인공지능은 일정한 알고리즘에 따라 기사를 작성한다. 손석희 앵커는 이 로봇 저널리즘을 끝까지 반대하겠다고 선언했다. 인간의 자리를 지키기 위해서가 아니라, 정형화된 기사를 막기 위해서라고 한다.

물론 인공지능이 더 발전하면 정형화된 기사가 아니라 인간이 쓴 것과 다를 바 없는 기사문이 나오기도 할 것이다. 하지만 분명 한계가 있을 거다. 분명한 사실이 토대지만, 사실만 언급하고 있지 않은, 의미심장한 의미를 품고 있는 기사문을 인공지능이 쓸 수는 없을 것이다. 이건 인간만이 할 수 있다.

인공지능은 소설도 만들어낼 수 있을 것이다. 특히 미스터리나 수사물과 같이, 플롯이 복잡한 장르는 인간보다 나을지도 모른다. 하지만 사람의 복잡한 심리나 마음을 표현하는 소설을 인공지능이 쓸 수 있을까. 사람의 마음은 인과성이 없다. 오히려 뜬금없는 경우가 많아서 인공지능의 매우 복잡한 알고리즘으로도 서술할 수 없을 것이다.

과학이 발전하면 할수록 우리는 인간성을 더욱 계발해야 한다. 그래야만 인공지능을 '이용'할 수 있다. 알파고가 이세돌을 이겼을 때, 손석희 씨와 과학자 정재승 씨가 이런 얘기를 했다. 누가 이겼건 인류가 이긴 거라고. 그건 알파고를 인간에 반反하는 존재가 아닌, 인간이 이용하는 대상으로 본다는 성숙한 관점이다. 인간이 최첨단 과학을 잘 이용하기 위해서는 거듭 말하지만, 훌륭한 인간성이 전제되어야 한다.

부모는 아이의 미래에 대해 얘기하면 하릴없이 목소리가 커지고 말도 성급해진다. 심지어 이렇게 글조차 리듬이 빨라진다. 어쩔 수 없는 일이다.

영화 〈스틸 앨리스Still Alice〉는 부모의 이런 마음을 진실하게 보여준다. 앨리스가 치매로 기억을 잃어감에도 불구하고 여전히Still '앨리스'였기 때문이기도 하지만, 그보다는 여전히 변하지 않는 엄마로서의 맹목성을 보여주었기 때문이다.

앨리스의 딸은 대학에 가지 않으려고 한다. 앨리스는 자신의 치매 증상이 더 심해지기 전에 딸이 대학에 가는 걸 보고 싶다고 말한다. 엄마의 말에 딸은 "엄마가 아픈 것을 이용해서 나에게 요구하는 것은 공정치 못해요"라고 말한다. 맞는 말이다. 엄마가 치매니까, 앞으로 기억도 사라지고 인식도 느려지고 일찍 죽게 될 거니까, 그전에 내 소원 좀 들어줘, 하는 식의 말은 부당하다.

그런데 그다음 앨리스의 대사가 압권이다.

"엄마가 너에게 반드시 공정해야만 하니?"

아, 정말 그런 거다. 엄마는 자식에게 공정할 수가 없다. 사랑 때문이다. 사랑이 그토록 지극한데 어떻게 공정할 수 있겠는가. 다만, 적어도 공정해지려고 노력할 뿐이다. 그 노력도 눈물겨울 만큼 힘들다.

앨리스의 딸은 결국 대학에 가지 않는다. 연극배우의 꿈을 계속 키워나가면서 치매 증상이 심해진 엄마와 함께 있게 된다. 딸은 엄마를 환자로 돌보기보다는, 친구처럼 옆을 지킨다. 앨리스 곁에는 딸이 있었으므로 여전히 앨리스일 수 있었다.

그렇다. 부모와 아이의 의견이 늘 같아야만 하는 것은 아니다. 아이가 부모의 말을 잘 따르고, 부모가 아이의 뜻대로 해주는 것만이 좋은 관계는 아니다. 서로 의견이 다르고 상대의 바람을 충족시켜주지 않지만, 그럼에도 불구하고 서로 사랑하는 것. 서로의 삶과 혹은 죽음까지도 함께하는 것. 그것이 부모와 자식의 눈물겨운 관계다.

상류층이 되려면 꼭 돈이 필요할까

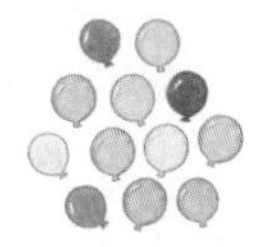

그래, 나는 네가 상류층이 되기를 바란다. 그렇지만 설마, 네가 돈 많은 사람이 되기를 원하는 거겠니? 그건 아니야. 진정한 상류층은 돈으로 가늠할 수 있는 게 아니지. 그건 안목과 취향, 가치관과 삶에 대한 태도로 결정된단다. 아무리 돈이 많아도 안목과 취향이 저급하고 가치관과 삶에 대한 태도에 품위가 없다면, 상류층이 아니란다. 진짜 상류층은 이 세상을 걱정하고 인류의 미래에 관심을 두고 있지. 후세 사람들의 삶과 행복에 대해서도 우려하고 대비해. 엄마는 네가 그런 상류층이 되기를 바라는 거야.

상류층이 되기 위해서는 자기 자신에 대해서 늘 생각해야 해. 자신의 말과 행동, 태도를 점검하고 반성해야 하는 거지. 단지 겉모습만 상류층으로 보이기 위해서가 아니라, 진정으로 현명하고 통찰력 있는 사람이 되기 위해서.

산책하면서 생각해봐도 좋을 것 같구나. 스마트폰이나 컴퓨터 없이 그냥 바람 속에서 걷다 보면 점점 자기 자신이 보일 거야. 자기객관화가 시작되는 거지. 상류층이 되기 전에 먼저 산책을 시작해도 좋겠구나. 은근히 운동도 되고 말이야. 날씬한 상류층이 되는 거지.

◆ ◆ ◆

프랑스 사회학자 피에르 부르디외는 자본에는 돈(경제자본)만 있는 것이 아니라고 말했다. '문화자본'과 '상징자본'도 존재한다. 예술을 보는 안목이 문화자본이고 말투와 태도, 가치관 등이 상징자본이다.

이런 문화자본과 상징자본이 한순간에 길러지겠는가. 아니, 억지로 기른다고 생기기나 하겠는가. 이런 특별한 자본을 기르기 위해서는 자기 스스로 습관과 태도를 꾸준히 점검해나가는 수밖에 없다. 단지 남에게 멋져 보이기 위해서가 아니다. 높고 가치 있는 문화·상징 자본을 가졌을 때, 이 세상의 아름다움을 누릴 수 있고, 이로 인해 진정한 행복을 만끽할 수 있다.

노블레스 오블리주Noblesse Oblige가 바로 그런 거다. 진정한 상류층은 그에 맞는 도덕적 자아를 가져야 한다. 도덕적 자아는 단순히 법과 규칙, 도덕을 잘 지키는 사람을 의미하는 게 아니다. 마음속에서 우러나오는, 스스로 판단해서 올바른 가치를 실현해나가는 것을 뜻한다.

돈 많은 가난뱅이도 있다. 돈만 긁어모으느라 세상의 가치를 헤아리지 못하고, 천박한 말과 행동으로 다른 사람에게 피해를 주고 자기 자신만 생각하는 이기적인 사람들. 그런 사람들을 두고 돈 많은 가난뱅이라고 말한다. 이런 사람들은 평생 돈만 좇다가 결국 사람을 잃고 사랑도 하지 못하게 된다. 이들의 죽음은 얼마나 허무하겠는가.

진정한 상류층은, 돈을 모으려고 하는 이유를 말할 때 돈을 많이 갖기 위해서라고 하지 않는다. 돈에서 자유로워지기 위해서다. 돈에서 자유로워질 수 있는 만큼이 얼마인지는 사람마다 다르다. 다만, 돈에 집착하는 사람은 결코 돈에서 자유로워질 수가 없다. 집착과 자유는 병존하지 못하는 법이다.

직원들에게 막말과 상스러운 태도로 소위 '갑질'을 하는 대기업 임원은 돈도 많고 직위도 높지만 진정한 상류층이라고 할 수 없다. 무엇보다 그런 사람은 결코 행복한 사람이 아니다. 항상 세상에 대해 불평, 불만을 느끼고 있으며 심지어 자존감도 낮다. 그런 사람들은 아랫사람이 자신을 무시한다고 생각하기 때문에 상대에게 복종을 강요하고 폭력적으로 행동하는 것이다.

상류층은 남에게 복종을 강요하는 사람이 아니라, 저절로 존경받는 사람이다. 어찌 행복하지 않을 수 있을까. 그러나 그렇게 되기 위해서는 얼마나 자기 연마가 필요하겠는가.

그렇다면, 아이를 상류층으로 만들기 위해서 어떤 공부를 시켜야 할까. 물론 공부도 필요하다. 하지만 그보다 공부에 대한 공부, 생각에 대한 생각인 '메타 사고Meta Thinking'의 중요성을 깨달아야 한다.

진정한 상류층은 자기 스스로 공부하고 생각한다. 그리고 자신이 하는 공부와 생각에 대해서 성찰한다. 그래야만 현명한 판단을 할 수 있고 높은 가치를 실현할 수 있기 때문이다.

간단히 생각해보자. 일을 할 때, 그냥 하는 사람이 있고 시키는 일만 하는 사람이 있다. 일하는 '주체'가 되기 위해서는 '생각'이 필요하다. 누가 어떤 일을 해야 할지, 어떻게 일을 풀어나가야 할지 생각을 하는 것이다. 생각을 하며 일을 하는 사람은 그 일의 과정을 꿰뚫을 뿐만 아니라 더 나은 방향을 모색하게 된다. 반면에 누군가가 시키는 일만 하는 사람도 있다. 그 사람은 일의 '주체'가 되거나 스스로 발전할 기회를 잃게 된다.

아이가 상류층이 되기를 원한다면, 아이 자신이 하는 공부와 행동, 말과 태도에 대해 스스로 점검하게 하고, 자신의 감정과 욕망에 대해서도 거듭 생각하게 도와주어야 한다. 그걸 돕는 방법은 부모도 그런 태도를 보여주는 길밖에 없다.

아이를 훈계할 땐 무조건 화만 내지 말아야 한다. 어느 순간은 화를 내야 하는 순간이 오기도 한다(안다. 화를 안 낼 수는 없다). 그럴 땐 차근차근 아이의 생각을 메타적으로 풀어주는 것이 필요하다. 아이가 왜 그런 말과 행동을 보였는지, 그 속에는 어떤 생각과 감정이 들어 있는지, 그 생각과 감정은 타당한지, 아이와 함께 메타 사고를 진행해가는 것이다. 메타 사고는 아이가 공부하는 프로세스 또한 스스로 점검하게 하므로 자기에게 가장 맞는 공부 방법을 계발하게도 해준다. 참으로 유용하지 않은가.

메타 사고를 하면서 아이는 점차 자신을 이해하는 주체가 된다. 자기 자신을 이해하지 못하면 자기에게 맞는 문화자본이나 상징자본을 갖출 수 없다. 설사 갖추었다 하더라도 그것을 주체로서 사용하거나 누릴 수가 없다.

메타 사고를 이용하여 아이에게 훈계하는 일은 의외로 긴장감 있고 재미있기까지 하다. 물론 아이가 "저는 그렇게 생각 안 했는데요!"라고 반응하는 부작용이 있기도 하다. 하지만 그 부작용까지 메타 사고의 과정이다.

이러한 메타 사고는 메타-메타 사고로도 이어진다. 그렇다고 너무 멀리 가면 안 된다. 뇌가 지치면 몸도 지치기 때문이다. 지치기 시작하면 '다음 기회'로 메타 사고를 넘겨야 한다.

어떤 직업을 가져야 할까

'어떤 직업을 가져야 할까'라는 질문은 이 시대에 꼭 맞는 질문이 아니야. 왜냐하면, 지금 시대는 단 하나의 직업만으로는 살아갈 수 없기 때문이지. 대부분의 직장인은 50~60대에 퇴직을 하게 된단다. 하지만 만약 지금의 예측대로 백 살까지 산다면, 남은 30~40년 동안도 일을 해야 하지 않을까?

일이란 꼭 돈을 벌기 위한 것이 아니란다. 자신의 가치를 실현하기 위한 행동이지. 사람은 자신이 '가치'를 만들고 있다는 믿음 속에서 더 행복해하고 건강해지기도 해. 무기력하고 무료한 생활을 하는 사람들은 자존감이 높지 못하고, 삶에 대한 의지도 약해서 건강을 지키기도 힘들어. 그러니까 직업에 대해 질문을 하기 전에, 일에 대한 질문을 먼저 해야 하는 거지.

◆ ◆ ◆

아이들의 장래희망을 조사하다 보면 공무원이나 회사원이 제일 많다. 공무원과 회사원이 안정된 생활을 하기에 적합하다고 생각하는 것이다. 만약 정말 그것이 이유라면, 자기 자신을 돈 버는 수단으로 삼겠다는 것과 다름없다. 하루 24시간 중 8시간을 일한다고 할 때, 결국 장래희망이란 "하루 중 8시간 이상을 무슨 일을 하면서 보내는 게 행복할까?"라는 질문에 대한 답이어야 한다.

의사라는 직업을 갖고 싶은 욕망과, 아픈 사람을 치료하고 싶은 욕망이 같지는 않다. 의사라는 직업을 갖고 싶은 이유가, 아픈 사람을 건강하게 해주는 게 목표여서라면 문제가 없다. 하지만 돈을 많이 벌고(물론 요즘은 이 또한 쉽지 않지만) 남들의 부러움을 사기 위한 거라면, 그건 결국 자신을 속이고 스스로를 이용하는 것밖에 되지 않는다.

우리는 종종 다른 사람의 욕망을 모방한다. 이것이 '모방욕망'이다. 모방욕망이란 우리가 뭔가를 욕망하는 이유가 그 자체를 좋아해서가 아니라, 다른 사람이 욕망해서라는 관점에서 나온 개념이다.

비싼 브랜드 신발이 있다고 하자. 그 신발을 신고 싶은 이유가 디자인이 자기 취향이라거나 그 신발을 신었을 때 가장 편하기 때문이 아니라, 단지 그 신발이 유행이라서, 다른 사람들이 신는 신발이기 때문에, 그걸 신어야 창피하지 않기 때문이라면, '그 신발'을 욕망하는 것이 아니라 다른 사람의 욕망을 욕망하는 것이다. 그건 자존감이 없는 상태다. 자기 자신의 가치를 자기가 신고 있는 신발로 나타내려고 하는 사람이니까.

직업이나 일에서도 마찬가지다. 단지 돈이나 안정성 때문에 직장을 선택하고 예순 살 전후까지 매일 8시간씩 그 일을 한다면, 그건 일을 하는 것이 아니다. 그저 일에 갇혀 사는 셈이 된다.

왜 무조건 상위권 대학에 가려고 하고, 무작정 대기업에 들어가려고 할까. 혹시 그 경쟁에서 이겨야만 자신이 인정받는 것 같아서 그러는 건 아닐까. 학교에서 시험 성적이 상위권이어야 인정받을 수 있었던 체험이 마음 깊숙이 자리 잡은 것이다. 대학에 입학하고, 졸업한 뒤 취업할 때조차 다른 사람과의 경쟁에서 이겨야 한다는 강박관념만 가득 찬 건 아닐까. 그래서 다짜고짜 사람들이 몰리는 곳으로 가서 전쟁 같은 삶을 사는 것은 아닐까.

물론 모든 사람에게는 '인정욕망'이 있다. 독일의 철학자 악셀 호네트가 '인간은 생존투쟁 이상의 인정투쟁을 하면서 산다'라고 했듯, 인간은 타인의 인정 없이 살아갈 수 없다. 사람은 타인에게 인정을 받을 때 긍정적 자아를 만들기 마련이다. 하지만 인정받지 못할 때는 정체성의 위협과 분노, 심지어 모욕감까지 느끼게 된다.

인정의 대상은 여러 가지다. 그런데 한국 학교에서는 성적만 인정의 대상이 되니, 성적이 좋지 못한 학생들의 자존감은 약해질 수밖에 없다. 게다가 학교에 다니면서부터 편견이 생긴다. 성적이 좋아야 좋은 직업을 가질 수 있다는 편견 말이다. 정작 좋은 직업이 무엇인지는 생각하지도 않은 채 편견부터 만든다.

좋은 직업이란 뭘까. 대기업이 무조건 좋은 직업일까. 생각해보면, 대기업이라고 해봤자 쉰 살이 넘으면 퇴직하고, 오히려 그 이후의 인생은 갑갑할 뿐이다. 대기업을 다니면서 익혔던 여러 가지 활동이 퇴직 이후에 크게 소용되는 일도 없다. 평균 수명이 길어진 시대에 지속해서 생업을 가지기 위해서는 대기업만 추구할 것이 아니라, 자기 자신에게 맞는 직업과 직장을 찾고 일을 즐겨야 한다. 그리고 그 일을 그때그때의 나이, 건강 상태, 취향과 가치관에 따라 변경할 수 있어야 한다.

우리나라 중고등학교 시험 시간은 살벌하다. 학생들은 긴장하고 교사들은 부정행위를 하는 사람이 없나 하고 '감시'한다.

핀란드에서는 시험 시간에 선생님이 학생 사이를 오가면서 학생들을 '교육'한다. 만약 수학 시험을 치르는데 학생이 잘못된 계산을 하고 있으면 선생님이 그 부분을 짚어주면서 다시 생각해보라고 이야기해준다. 객관적인 평가에 문제가 될 것 같은가. 핀란드에서는 서열을 매기는 평가를 하지 않는다. 누가 일등을 했는가는 중요하지 않다. 학생의 실력이 얼마나 상승했는지에만 관심을 둔다.

핀란드 학생들의 실력은 세계적으로 봤을 때 어느 정도일까. 놀랍게도(하지만 당연하게도), 세계 최고라고 한다. 다른 사람과 비교나 경쟁을 하지 않으니 학생들은 공부를 재미있게 여기게 된다. 학교에서 여러 가지 공부와 활동을 하는 동안 자연스럽게 다양한 능력이 계발된다. 공부를 즐기면서 자기 자신에게 어떤 능력이 있는지도 알게 되니 종내 자신에게 맞는 직업을 선택한다.

좋은 직업이란 돈을 많이 버는 직업을 의미하지 않는다. 돈이란 건 버는 것도 쓰는 것도, 매우 상대적이다. 한 달에 천만 원 버는 사람과 삼백만 원 버는 사람 중 누가 더 부자일까. 천만 원 버는 사람? 아니다. 그렇다고 삼백만 원을 버는 사람도 아니다. 돈의 액수만으로는 그 사람이 부자인지 아닌지 알 수 없다. 돈을 어떻게 쓰는지, 소비 생활이나 습관까지도 파악해야 그 사람이 부자인지 아닌지 알 수 있다.

돈을 아무리 많이 벌어도 자기가 하는 일에 만족하지 못한다면 어떨까. 게다가 쓸데없는 소비를 하며 그 소비에서만 쾌락을 느낀다면 어떨까. 심지어 그 사람이 사는 물건이 고상하지 않고 천박하기만 하다면, 그 사람을 부자라고 할 수 있겠는가. 돈을 적게 벌어도 자기가 하는 일에 가치를 느끼고 행복해한다면, 돈의 규모를 가늠하고 쓰면서 자신의 안목에 따라 좋은 소비를 한다면, 부자의 삶을 살게 된다.

스무 살도 안 된 아이의 장래 직업을 결정하기 전에 아이가 어떤 일을 오랫동안 했을 때 가장 행복해하는지 살펴야 한다. 그리고 아이가 어떤 일에 가치를 느끼는지 아이와 함께 이야기해봐야 한다. 아이에게 물어보라. 8시간 동안 어디에서 어떤 모습으로 어떤 일을 할 때 가장 행복할 것 같은지.

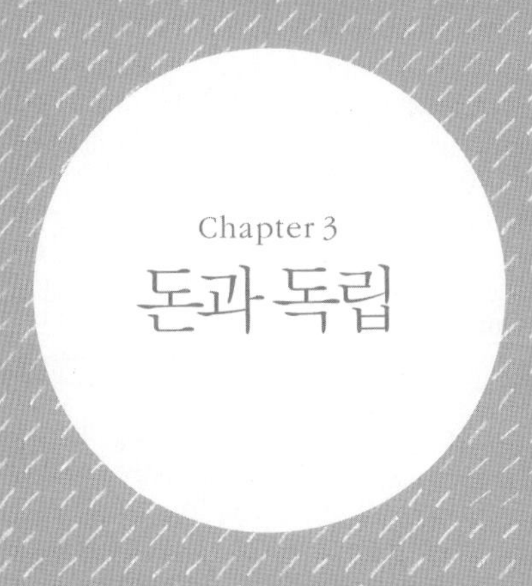

Chapter 3

돈과 독립

덜 소비하고 더 누리고 싶다면

돈은 적당히 쓰는 것이 아니라 적절히 쓰는 거란다. 돈의 액수가 문제가 아니라, 돈으로 '무엇'을 하는지가 관건이지. 돈으로 할 수 없는 일도 돈으로 처리하려고 하는 건 아닌지 생각해볼 필요가 있어. 돈으로 모든 걸 해결하려고 하다가, 돈 없이도 할 수 있는 가치 있고 아름다운 일을 모르고 살 수도 있거든. 세상의 많은 일이 돈으로 해결되는 것같이 보이지만, 그건 일시적인 해소지 해결이 아니야.

어떤 사람에게 잘 보이기 위해 가장 쉽게 할 수 있는 일은 비싼 옷을 입고 비싼 차를 타고 비싼 선물을 주는 거겠지. 그렇게 해서 상대의 호감을 얻게 되었다면, 그게 진정한 마음이겠니? 오히려 그 때문에 상대는 나의 진면목을 못 볼 수 있어. 돈이 관계의 발판이 되었지만, 결국 돈이 관계를 한정 지어버린 거지.

엄마가 너에게 돈을 많이 주지 않는 이유는 네가 돈 없이도 즐겁고 가치 있는 일을 발견하길 바라는 마음에서야. 그걸 즐기는 '상상력'을 키우게 하려는 의도도 있어. 돈이 있었다면 손쉽게 '놀이'를 구매했겠지만, 돈이 없다면 친구와 만나서 이야기를 하고 세상을 관찰하겠지?

◆ ◆ ◆

돈에 대해서는 누구나 아이러니스트Ironist다. 이 점을 간과하면 돈에 대한 이야기는 겉돌게 된다. 돈을 많이 버는 방법에 대한 이야기는 나와 너무 동떨어진 것 같고, 돈이 아무것도 아니라는 식의 말은 거짓이거나 변명 같다. 돈에 대해 무엇을 어떻게 말해야 제대로 된 '돈-담론'이 될까.

자본주의에서 '생활인'의 다른 말은 '경제인'이다. 경제인으로서 우리는 몇 번의 기회가 있었다. 돈을 좀 더 벌거나 모을 수 있었던 기회가 말이다. 하지만 인생은 산술적이지 않다. 돈 벌 기회를 잡았다거나 놓쳤다고 해서 인생이 달라지지는 않는다.

아이에게 경제교육을 할 땐, 돈을 아끼는 법과 버는 법을 가르치는 것이 아니다. '돈' 자체를 가르쳐야 한다. 나아가서 돈과 욕망의 관계를 생각하게 해주어야 한다.

마르크스는 《자본론》에서 상품의 가치를 '사용가치'와 '교환가치'로 나누었다. 이후, 사회학자 장 보드리야르는 '기호가치'와 '상징가치'를 덧붙였다. 이 가치들을 하나하나 점검해보면, 왜 돈으로 상품을 사는지가 분명해진다.

일단, 그 상품을 사용하기 위해서 구매한다. 하지만 주위를 둘러보라. 사용가치를 이미 상실했거나 애초에 사용가치가 없었던 물건들이 많다. 교환가치가 없는 상품은 더더욱 많다. 이제 '교환'은 '돈'이 대신한다. 지금은 모든 물건이 돈으로 환산되는 세상이다. 물건 자체의 가치와는 무관하게 가격표에 따라 물건의 가치가 결정되는 경우도 생긴다. 여기서 문제가 생긴다. 가격이 부각되다 보니 물건 자체는 돈 뒤에 물러서 있게 된다. 이렇게 해서 물신物神이 생긴다. 비싸면 비쌀수록 더 가치 있다고 여긴다. 물건 자체의 가치와는 별도로 말이다.

종종 이런 상황을 보게 되지 않는가. 상류층으로 보이기 위해서 명품을 사려는 사람이 있다. 파격 세일 광고를 미리 숙지하고 일찌감치 백화점으로 간다. 임시가판대 위에 쌓여 있는 물건들을 헤집는다. 거친 경쟁을 뚫고 가판대 앞에 도착했는데, 신상품이 아니고 예상한 만큼의 파격 세일도 아니다. 다시 말해, 상류층으로 보이게 해주는 물건이 아니다. 뒤돌아선다. 뭔가 잘못된 느낌이다. 이 어긋난 느낌은 좋은 물건을 싸게 사지 못해서가 아니라, 자신의 행위가 전혀 상류층의 행동이 아니라는 자각 때문이다. 진정한 상류층은 명품을 싸게 구입하기 위해 이런 행동을 하지 않는다는 걸 알고 있는 것이다.

과시적 소비로 자신이 남과 다르다는 것을 부각하는 일부 상류층에 의해 가격이 오르면서 수요가 줄어들지 않고 오히려 증가하는 '베블런 현상Vebien effect'이 있다. 이 또한 천박한 자본주의의 왜곡된 증상 중 하나다. '따라올 테면 따라와 봐'라는 식의 거만한 태도로 사치와 낭비를 하는 사람들. 이들은 상품을 기호가치로 여긴다. 자신의 가치를 자신이 가진 돈으로 '구별' 지으려는 태도인 것이다. 비싼 차가 나를 표현하는 기호가 되고, 들고 있는 가방 역시 자신이 누구인지를 보여주는 기호로 여기는 것이다. 그만큼 자아가 빈약하다는 증거다.

주변을 돌아보면 돈으로 데이트를 하는 학생들이 꽤 있다. 부모에게서 용돈을 충분히 받았든, 고된 아르바이트를 해서 돈을 모았든, 그들은 돈 때문에 소중한 것을 놓치기도 한다. 그들은 교환가치나 기호가치로서의 '데이트 상품'을 산 것에 불과할 수도 있다.

연애하면서 무언가를 구매해야 할 일이 생기긴 한다. 그때는 사용가치뿐만 아니라 상징가치가 중요해진다. 선물은 상징가치다. 교환가치나 기호가치로 환산되지 않는 선물이야말로 둘의 관계에서 진정한 '상징'이 된다. 연애에서 이런 상징을 만드는 것은 사랑과 상상력이다. 그러나 현실에서는 더 비싸고 좋은 것을 향한다. 연애는 온전히 자신이 주체가 되어서 누군가와 특별한 관계를 맺는 일이다. 자기 힘으로, 자기 상상력으로, 그 관계를 만들어갈 때 더 가치 있고 아름답다.

비싼 옷을 사 입지 않아도 자신만의 스타일을 만들 줄 알고, 고급스러운 음식을 사 먹지 않더라도 그 음식에 감사할 줄 알고, 여행지에서 화려한 호텔에 묵지 않더라도 그 지역의 소박한 아름다움을 만끽할 줄 알아야 세상의 재미를 느낄 수 있다. 모든 것을 돈으로 해결하거나 해소하려는 사람은 결국 '돈밖에' 모르는 사람이고, 그런 사람은 외로운 사람이다.

덜 소비하고도 더 누릴 수 있다. 자신이 원하는 것이 진정 무엇인지 안다면 말이다. 이것이 내가 아이에게 용돈을 제한해야 하는 이유다. 아이에게 절약하는 습관을 키워주기 위해서라기보다는, 상상력을 키워주기 위해서, 돈 없이도 무언가를 할 수 있는 능력을 길러주기 위해서, 부모는 애써 용돈을 제한해야 한다(아이의 불평을 듣는 불편까지 감내하면서 말이다). 아이는 점차 상품의 진정한 사용가치와 상징가치를 알아가게 될 것이다.

나는 아이를 위해 저축한다. 아이에게 유산으로 남겨주기 위해서가 아니라 언젠가 선물로 주기 위해서. 이 선물은 아이에게 꼭 필요한 상징가치가 될 것이고 시간이 지나면 교환가치와 사용가치로 발휘될 것이다. 돈이 잘 사용된다면 결국 또 다른 상징가치로 아이에게 기억될 것이다.

세상은 화려하고
나는 초라하게 느껴진다면

요즘 세상은 참 복잡하고 너무 화려해. 정확하게 말하자면, 세상은 화려한데 정작 자신의 삶은 칙칙한 것처럼 느껴지기도 하지. 상대적인 박탈감이란 게 이런 거야. 남들은 행복하고 근사한 삶을 사는데, 나는 재미없고 의미 없는 삶을 사는 것 같은 기분.

아니다. 더 정확하게 말하자면, 일부가 이 세상 행복을 다 독식하는 듯한 느낌이 드는 거지. 나는 아무리 노력해도 얻을 수 없는 뭔가를 그들은 가지고 있는 것 같아서 더 무기력해지는 기분.

엄마도 우울해질 때가 있어. 스스로 무력한 느낌이 든다고 해야 하나. 나 자신은 구경꾼이거나 방관자일 뿐 아무것도 할 수 없고, 이 거대하고 화려한 사회에서 그저 하나의 점 같이 느껴질 때.

하지만 한편으론 이런 생각도 해. 나 같은 사람이 또 어딘가에 있어서 나와 비슷한 생각을 하고 있을 거라는. 그럼 좀 덜 외로워. 세상은 꼭 투사나 영웅이 나타나서 바꾸는 게 아니거든. 엄마 같은 조용한 투덜이들 때문에 더 악화되지 않기도 하는 거란다.

◆ ◆ ◆

왜 세상은 더 화려해 보이고, 자신의 삶은 더 초라하게 느껴지는 걸까. 사실, 이런 느낌이 몇몇 사람만의 것은 아니다. 대부분의 사람이 느낄 거다. 사회학자들은 이를 두고 '스펙터클 사회'라고 했다. 기 드보르는 《스펙터클의 사회》에서 현대인은 삶을 삶 자체로 느끼지 못하고 스펙터클 속에서 구경하듯이 바라보고 있다고 지적했다.

과연 우리는 이웃의 삶조차도 있는 그대로 보는 것이 아니라 텔레비전이나 인터넷, SNS 등을 통해 간접적으로 구경한다. 그런데 이들 매체에 등장하는 다른 사람들의 삶은 모두 화려하고 극적이지 않은가. 그러니 더더욱 자신의 삶은 초라하고 심심하게 느껴진다.

도시의 밤거리를 나가보면 잘 알 수 있다. 화려한 네온사인 사이에서 멋진 옷을 입은 사람들이 비싼 음식과 술을 먹고 좋은 차를 타고 다닌다. 말 그대로 스펙터클하다. 스펙터클 사회는 겉으로 보이는 것에만 관심을 갖는다. 겉으로 보이는 것들은 모두 돈과 연관되어 있다.

스펙터클을 달리 말하면, 자본주의가 만든 허황된 이미지다. 매일 밤 화려한 옷을 입고 흥청망청 쾌락을 즐기는 사람이 행복한 사람일까.

매일매일 백화점 명품샵에서 자신을 치장하느라 옷과 구두를 사는 사람은 어떤 마음으로 살아가는 걸까. 이런 사람들이야말로 마음이 허전하고 채워지지 않아서, 술로 잊고 물건으로 채우려는 건 아닐까.

스펙터클 사회에서는 '진짜'가 잘 보이지 않는다. 너무 밝은 불빛 때문에 오히려 눈이 먼다. 스펙터클을 즐기는 사람도, 그 사람들을 구경하는 사람도 모두 '진짜'를 알아보지 못한다. 진짜라고 할 수 있는 삶도 없는 거다.

스펙터클을 즐기기 위해 돈을 번다면, 자기 삶의 주인이 되지 못한다. 그들은 결혼하더라도, 결혼 자체보다는 결혼식이 중요할 테고, 직업을 갖더라도 자신이 좋아하는 일보다 남이 봤을 때 근사한 직업이 더 중요할 것이다. 다른 사람의 아픔도 공감의 대상이 아니라 구경거리로 생각해버린다. 우리가 뉴스에서 보는 수많은 사건에 대해서 비슷한 감정을 느끼는 것도 이 때문이다. 내전이 일어나 사람들이 죽어도, 아이들이 기아와 전염병에 고통받아도, 난민들이 바다 한복판에서 생명을 잃어도, 단지 하루 치 뉴스밖에 되지 않는다. 그 모든 사건은 하나의 스펙터클이기 때문에 실감이 나지 않는 거다.

자, 이제 어떻게 할까. 어디서부터 바꿔야 할까. 이 질문은 이 시대를 사는 모든 사람의 것일 수밖에 없다. 이 세상을 구경하는 것이 아니라 세심히 관찰하면 통찰력이 생기고 살아가는 지혜를 배우지만, 또 그만큼 불편해진다. 세상의 부조리가 눈에 빤히 보이지만 그것을 개선할 만한 힘이 스스로에게 없다고 여기기 때문이다. 그럼에도 불구하고 희망은 있다. 비슷한 '불편함'을 가지고 있는 사람을 발견하게 되기 때문이다. 그들과 소통하다 보면 더없이 큰 행복도 느끼게 된다. 세상에 관심 가지지 않았더라면 알 수 없었을 행복을 얻는 것이다.

아이가 세상을 구경하게 할 것이 아니라 관찰하게 할 필요가 있다. 그렇게 될 때 아이는 자기의 삶을 갖게 된다. 관찰하는 삶은 구경하는 삶보다 어렵다. 상처도 받는다. 하지만 상처받을 수 없다면 깨달음도 얻을 수 없다. 철학자 레비나스의 말대로, 상처받을 일에 상처받는 것은 지금 우리에게 가장 필요하고 가치 있는 능력이다.

우리가 서로에게서 독립한다면

요즘은 캥거루족이 많다고 하지. 성인이 되어서도 부모로부터 독립하지 못한 사람들 말이야. 경제적으로 독립하지 못한 이들을 패러사이트Parasite족이라고 한단다. 계속 자신의 독립을 유예하면서, 언젠가 자신의 능력을 알아줄 직장이 나올 거라고 합리화하면서 부모 곁을 떠나지 못하는 거야.

독립적인 어른이 되어야 해. 부모에게 자립해서 세상에 나아가야 성장할 수 있어. 지금 너는 독립을 위한 능력을 키우고 있는 거란다. 네가 독립하고 자아를 키워야 미래의 네 아이도 건강하게 자랄 수 있겠지. 그렇게 해서 또 한 세대가 저무는 거지. 엄마는 너를 독립시키고, 너는 단독자로서 또 다른 단독자와 관계를 맺고, 그와 함께 너의 인생을 살아가고, 너의 아이를 낳아 키우고…….

◆ ◆ ◆

혹시 아이가 자신의 품에서 떠날 때를 상상해본 적이 있는가. 그건 끊임없이 쏟아지던 시험을 다 마친 다음의 홀가분함을 상상하는 것과 비슷하다. 끝나면 행복할 것 같지만, 반드시 그런 것만은 아니다. 오히려 중요한 시험일수록, 온정신을 쏟은 시험일수록 마치고 나면 허전함이 밀려온다. 아이가 성인이 되어도 그러지 않을까. 지금은 아이를 다 키우고 나면 가뿐하고 개운할 것 같지만, 막상 그 순간이 오면 그렇지 않을 것이다. 아이가 성인이 되어 부모로부터 독립하는 것은, 달리 말해 이별이기도 하다.

그 순간을 보여주는 영화가 있다. 리처드 링클레이터 감독의 〈보이후드Boyhood〉다. 이 영화는 여덟 살 남자아이 '메이슨'이 스무 살이 되는 12년 동안의 이야기를 담고 있다.

심심한 영화로 생각할 수도 있겠다. 평범한 초등학교 1학년 아이가 사춘기를 거쳐 대학에 입학하기까지의 이야기니까. 그 사이에 누가 죽지도 않고, 병들지도 않고, 호들갑스러운 연애사도 없다. 이야기할 만한 게 좀 있다면, 주인공의 엄마가 석박사 과정을 거쳐서 교수가 되었고 두 번의 이혼을 겪었다는 것. 그리고 주인공의 아버지는 재혼해서 이복동생을 낳았다는 것 정도다. 주인공보다 그 부모의 삶이 더 파란만장하다.

이 영화의 특이점은 변해가는 12년의 세월을 표현한 방식에 있다. 영화 안에서 흐른 12년 동안 여덟 살 주인공이 스무 살이 되었으므로 그 주인공의 성장도에 맞게 배우를 여러 명 캐스팅했을 듯싶다. 하지만 주인공 배우는 단 한 명이다. 여덟 살인 배우를 캐스팅해서 그 배우가 스무 살이 될 때까지 영화를 찍었기 때문이다. 물론 다른 배우들도 모두 12년간 일 년에 한 번씩 만나 촬영했다. 그러니 이 영화에서는 모든 등장인물의 성장과 노화를 한꺼번에 확인할 수 있다.

여덟 살 메이슨과 그 엄마의 대화는 이런 식이다.

메이슨 : 말벌이 나오는 데를 알아냈어요.

엄 마 : 어딘데?

메이슨 : 물을 공중에 대고 잘 겨냥해서 쏘면 그게 말벌로 변해요.

엄 마 : 멋지네.

(…)

엄 마 : 학교는 재밌었니?

메이슨 : 네.

엄 마 : 면담은 잘 끝났어. 그 선생님 괜찮더라.

메이슨 : 뭐랬는데요?

엄 마 : 네가 숙제를 잘 안 낸대. 꼬박꼬박 숙제를 하긴 한댔더니, 네가 숙제해온 걸 가방에 다 쑤셔 넣어놨더래.

메이슨 : 내란 말은 안 했어요.

엄　마 : 말을 안 해도 네가 알아서 내야지. 그리고 온종일 창밖만 본다며?

메이슨 : 온종일은 아니에요.

엄　마 : 선생님 연필깎이도 망가뜨렸다던데?

메이슨 : 그건 실수였어요.

엄　마 : 돌멩이를 쑤셔 넣었다며?

메이슨 : 돌멩이도 깎을 수 있나 궁금했어요.

엄　마 : 돌멩이를 깎아서 뭐하려고?

메이슨 : 돌화살촉을 만들어서 모으려고요.

상상력이 풍부한 아이와 이런 아이의 말을 잘 들어주는 엄마의 환상적인 조합이다. 게다가 이 엄마는 인내심이 매우 강하다. 하지만 잘 생각해보면, 우리도 아이가 여덟 살 때는 그랬다. 그땐 아이가 너무 어렸고 자기 자신을 컨트롤할 수 있는 힘이 없었으니까 부모가 야단칠 일도 없었다. 아이가 실수를 했다면 그건 전적으로 몰라서 그랬던 거니까.

메이슨은 사진을 공부하는 멋진 스무 살로 자란다. 물을 공중에 대고 잘 겨냥해서 쏘면 말벌로 변한다고 믿는 '이미지 상상력'이 고스란히 사진 찍는 재능으로 이어진다.

그럼 이 엄마는 어떻게 되었을까. 메이슨이 스무 살이 되어 대학을 가기 위해 집을 떠나기 직전, 짐을 싸는 장면을 보면 알 수 있다.

메이슨 : 이거, 엄마가 또 여기 넣었어요? 안 가져간다니까.

엄 마 : 네가 찍은 첫 사진이야.

메이슨 : 그러니까 더 가져가기 싫다고요.

엄 마 : ……. (갑자기 울음을 터뜨린다)

메이슨 : 왜요?

엄 마 : 아니야.

메이슨 : 엄마.

엄 마 : 오늘은 내 인생 최악의 날이야.

메이슨 : 무슨 말이에요?

엄 마 : 떠날 건 알았지만 이렇게 신이 나서 갈 줄은 몰랐다.

메이슨 : 신나는 건 아니에요. 그럼 울어야 돼요?

엄 마 : 결국 내 인생은 이렇게 끝나는 거야. 참 많은 일이 있었지. 결혼하고 애 낳고 이혼하면서. 네가 난독증일까 애태웠던 일, 처음 자전거를 가르쳤던 추억, 그 뒤로 또 이혼하고, 석사학위 따고, 원하던 교수가 되고, 사만다(메이슨의 누나)를 대학에 보내고, 너도 대학에 보내고…. 이젠 뭐가 남았는지 알아? 내 장례식만 남았어! 어서 가! 그 사진은 두고 가!

메이슨 : 왜 미리 걱정을 해요? 40년이나 앞당겨서?

엄 마 : 난 그냥… 뭔가 더 있을 줄 알았어…….

이 엄마, 참 히스테릭하게 변했다. 12년 전 인내심 있고 현명했던 엄마가 아닌 것 같다. 아들은 엄마로부터 독립을 잘하려고 하는데, 엄마가 아들로부터 독립을 못 하고 있다. 그럴 수 있다. 이 엄마는 갱년기다. 감정 기복이 심할 수밖에. 누구든 아이에게 쏟아부었던 사랑을 갑자기 거둬들일 수는 없다.

메이슨의 아버지는 아들과의 약속을 잊고 차를 팔아버린다. 자신이 타던 빈티지카를 메이슨이 대학생이 되면 주기로 했었지만, 그 기억을 깡그리 잊고 메이슨이 실망했다는 것도 알아차리지 못한다.

다행히 메이슨은 부모에게서 잘 떠나려 한다. 자신의 첫 번째 사진에 대한 집착도 없다. 대학에 가서 다시 시작하고 싶은 거다. 메이슨은 아버지 차에 대한 미련도 버리고 혼자 낡은 트럭을 타고 대학으로 향한다.

오히려 어른들이 좌충우돌한다. 앞으로의 성장을 준비하고 있는 스무 살과 노화만 남아 있는 중년 부모의 보색 대비로 비친다. 그 대비에 나 자신의 모습도 보인다. 나중에 아이가 대학에 가면 메이슨의 엄마처럼 되지나 않을까. 그러지 않을 거라고 단정할 수는 없을 것이다. 혹 그렇다 하더라도 어느 정도는 용납할 수밖에. 갱년기니까.

완벽한 이별이 없듯이 완전한 독립도 불가능할 것이다. 하지만 우리는 그 허술한 이별과 불완전한 독립을 기꺼이 수용할 것이다. 그러기 위해 지금 아이를 좋은 사람으로 키우려고 노력하고 있는 것일 테고.

Chapter 4

자아와 행복

'나'를 지킨다는 건 무엇일까

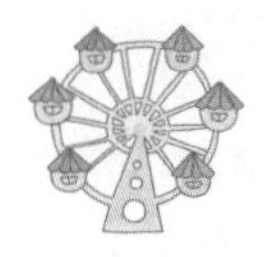

살다 보면 작은 접촉사고가 참 잦단다. 교통사고는 물론이고 사람과 사람, 사람과 집단 사이의 접촉사고들을 많이 겪게 되지. 그 사고에서 손해를 보지 않으려고 고군분투하다 보면 자기 자신을 잃을 수도 있어. 싸우지 말아야 할 전투에는 굳이 나갈 필요가 없단다. 작은 이익을 위한 전투에 왜 나가겠니? 모름지기 전투란 정의와 진리, 그리고 사랑을 위한 것이 의미 있는 거야.

니체가 이런 얘기를 했어. "괴물과 싸우는 사람은 자신이 괴물이 되지 않도록 조심해야 한다." 그래, 살다 보면 괴물과 싸워야 할 때도 있을 거야. 그럴 때도 '나'를 잃어버리면 안 돼. 나를 지켰을 때 일상의 행복과는 또 다른 행복이 찾아오기도 하거든.

네게도 앞으로 여러 일이 생기겠지. 하지만 그래서 인생이 별로냐고 묻는다면, 그렇지는 않아. 오히려 그 일들을 잘 헤쳐 나왔을 때 '나' 자신을 더 사랑하고 믿게 되지. 그런 마음도 행복이라고 생각해.

◆ ◆ ◆

가끔 아이에게 내가 겪은 황당한 일에 대해 얘기할 때가 있다. 황당한 일만 얘기하는 것이 아니라, 그 일에 대한 해석과 감정 처리, 결과까지 이야기한다.

얼마 전 자동차 사고를 냈다. 초행길이었는데, 로터리를 돌다가 옆을 지나가는 차와 부딪쳤다. 이상하게도 부딪치는 순간, 드디어 올 것이 왔구나 하는 생각이 들었다. 지금까지 사고 없이 다닌 게 오히려 신기했다는, 때늦은 각성이라고나 할까. 부딪칠 때 몸에 닿는 충격은 강하지 않았다. 뭔가에 완충된 듯 둔중한 느낌이었다. 약간 떨리면서 꿈같기도 했다. 종종 교통사고가 나는 악몽을 꾸곤 했기 때문이다.

상대편 차주가 내 차 쪽으로 다가왔다. 그 사람은 짜증 난다는 듯한 얼굴을 하고 일단 보험사를 부르자고 했다. 아마 나는 "네, 그래야죠"라고 했을 거다. 보험사에 전화하고 밖으로 나갔다. 그 사람이 다시 말했다. "제 차에 블랙박스가 있으니 일단 차를 옆으로 뺍시다. 다른 차들에 방해가 되니까요." 순간, 이 사람은 참 침착하고 합리적인 사람이구나, 라는 생각을 했다. 그 와중에도 나는 타인을 '판단'하고 있었다.

강연을 하러 가는 길이었고, 강연 시각은 다가오고 있었다. 무엇보다 화장실에 무척 가고 싶었다. 정신이 없을 지경이었다. 하지만 사고가 나고, 보험사에 전화를 하고, 차를 빼고 하는 동안엔 잊고 있었다. 정리가 끝나자 비로소 급해졌다. "저기, 저 옆에 화장실에 좀 잠깐 다녀올게요." 수업시간에 선생님께 허락받는 학생처럼 그렇게 말했다. 상대편 차주는 떨떠름한 표정으로 "그러세요"라고 말했을 거다.

화장실에 다녀오니 비로소 내가 잘못한 일에 대해 정식으로 사과를 해야 한다는 생각이 들었다. "저, 미안합니다. 아침에 바쁘실 텐데, 저 때문에…… 제가 이곳은 처음이라 길을 찾다가 그만 이렇게 됐네요. 죄송합니다." 그 사람은 별말이 없었다. 민망한 듯 슬쩍 웃는 것 같기도 했지만, 아마 잘못 봤을 거다.

보험사 직원이 왔다 가고, 나도 다행히 강연에 늦지 않았다. 강연을 하고 집에 돌아와 한참을 잤다. 자고 나니 다시 미안해졌다. 내가 왜 그런 실수를 했는지 한심스럽기도 하고. 마음이 차츰 더 무거워졌다.

저녁 늦게 보험사에서 전화가 왔다.

"우리 측 과실 100%로 해달라고 상대측에서 요구해왔어요."

"네, 그래야죠."

"그런데 만약 상대 차주가 병원에 가면 교수님도 병원에 가셔야 합니다."

"아니에요, 그 사람 괜찮을 겁니다. 차도 별로 안 망가졌고 젊은 사람이 멀쩡했는데요."

"그래도 혹시 병원에 가면 교수님도 가셔야 해요."

"제가 잘못했으니 병문안은 가겠지만, 그 사람 괜찮을 텐데……."

"그게 아니라, 그 사람이 병원에 간다고 억지를 쓰면 교수님도 병원에 가서 촬영해봐야 한다고요. 그건 상대방 보험으로 처리되니까요."

"아, 저는 괜찮아요."

"그래도 병원에 가셔야 합니다."

"별일 없을 거예요. 작은 접촉사고였는데."

다음 날, 보험사에서 다시 전화가 왔다. "상대방이 병원에 갔답니다. 교수님도 가셔야죠." 화가 난다기보다 어리둥절했다. 어떻게 이런 일이 있나 싶었다. 정말 작은 접촉사고였고 그 사람 멀쩡했는데. 진정으로 사과도 했고 잘 처리됐다고 생각했는데…….

인간에 대한 실망감이 밀려왔다. 보험사 직원이 '훈계'하듯이 말했다. 그런 사람이 많다고. 병원에 이틀 정도 입원하면 하루 일당이 나오고 몸 편히 쉴 수 있으니까 그렇게 한다는 거다. 나는 그런 현실을 몰랐다. 보험사 직원에게 약간의 비아냥거림을 산 게 불쾌하지는 않았다. 오히려 그런 현실을 모르고 살 수 있는 환경에 있었던 것에 감사했다.

그리고 그 사람이 불쌍해졌다. 자기 인생을 왜 그런 식으로 운용하는지. 어떻게 자신의 편의적인 행동으로 다른 사람이 느낄 고통은 생각도 하지 않을 수 있는지. 어떻게 그렇게 자기 몸만 편하면 된다고 생각하고 자기 영혼은 내버려 두는지. 그 사람이 긍휼히 느껴졌다. 그러면서 그 사람에 대한 미안함은 덜어지고, 내 잘못에 대한 죄책감도 옅어졌다. 비로소 일이 다 처리되고 감정도 정리되었다.

일종의 행복감도 밀려왔다. 나 자신을 지켰다는 생각과 '사고'에 대해 성숙하게 처리했다는 생각이 들었다. 남들 눈에는 어리석어 보일 것이다. 보험사 직원의 설명에 따르면 원래 교통사고에는 100% 과실이란 게 없는 건데, 나 혼자 모든 책임을 지기로 했으니 말이다. 게다가 상대가 허위로 입원까지 했는데 그것에 대해 문제를 제기하지 않고 내버려 두기까지 했다. 하지만 나는 그런 어리석은 선택을 하면서 자신의 마음을 지킨 것, 더는 마음의 분란 없이 나 자신의 인생을 잘 운용할 수 있게 된 것에 감사했다.

아이에게도 분명 '행복'이라고 말했다. 작은 접촉사고에 온갖 생각을 다 하는 자기 엄마를 좀 독특하다고 생각하겠지만, 그런 와중에 자기도 모르게 세상의 부조리한 어떤 것에 대해 인식하게 될 것이다. 아이 앞에 황당하고 부조리한 일이 떨어지게 되더라도 그것을 잘 처리하는 능력을 갖추게 될 것이다.

아이에게 이 말도 덧붙였다.

"너에게 말하고 나니 마음의 정리가 좀 된다. 너도 무슨 일 있으면 엄마한테 말해줘."

우리는 왜 무의식적인 자기애로 아이를 바라볼까

언젠가 네가 "엄마는 행복해요?"라고 물은 적이 있지? 너는 아마 복잡한 마음으로 물었겠지만, 엄마는 아주 단순하게 대답할 수 있어. 행복하단다. 네가 있기 때문이지. 엄마는 참으로 본능적이라서, 내 유전자를 물려받은 존재가 있다는 사실에서부터 행복을 느껴. 아무리 남들이 너와 내가 안 닮았다고 하더라도, 너도 알잖아. 우리 둘 다 가만히 앉아 있을 때 얼마나 비슷하게 생겼는지. 엄마 생각에는 네가 자는 모습이 엄마랑 비슷한 것 같기도 해. 좀 비약하자면, 우리는 무의식이 참 비슷하지 않을까?

무의식은 심리학자 프로이트가 말한 건데, 그는 인간의 정신세계를 '의식, 전의식, 무의식'으로 나누었어. 의식은 네가 너 스스로에 대해서 느끼고 알고 있는 영역이고, 전의식은 의식 바로 밑에 있어서 보통 때는 잘 느껴지지 않지만, 조금만 노력하면 끄집어낼 수 있는 부분을 말해. 무의식은 자신도 잘 느끼지 못하는 부분인데, 프로이트는 이 무의식이야말로 그 사람의 본성에 가장 가깝다고 했어.
예를 들어볼게. 너는 엄마를 좋아하지? 그걸 알지? 그건 '의식'이야. 그런데 엄마를 좋아하긴 해도 어떨 때는 조금 밉기도 하고 부담스럽기도 하지? 그 마음을 잘 느끼지는 못하지만, 엄마가 굳이 "너 지금 엄마가 밉지?"라고 물으면 그렇다고 생각하게 되잖아. 그게 '전의식'이야. 그런데 그 의식과 전의식 말고 네 깊은 마음속에는 뭔가가 더 있을 수도 있어. 그건 너도, 나도 잘 모르는 부분이야. 간혹 꿈으로 나타나기도 한단다.
언젠가 엄마가 죽는 꿈을 꿨다고 했지? 어쩌면 네 무의식에는 엄마를 걱정하는 마음, 엄마가 늙어가는 것에 대한 불안이 있을지도 모르겠구나. 아니라고? 그래, 부정하고 싶겠지. 부정하고 싶은 마음도 어쩌면 무의식의 작용이야.

◆ ◆ ◆

나의 유전자를 물려받은 존재가 있다는 사실에서부터 행복이 느껴진다고 생각하는 것은, 확실히 이기적이다. 그러나 이 이기심은 타당하다. 자식을 사랑하는 것은 일종의 '자기애'다. 누가 부정할 수가 있을까. 이 자기애가 아니라면 어떻게 아이를 그토록 사랑할 수 있을까.

자식을 향한 자기애는 모순적이다. 자식을 사랑하면 사랑할수록 자기 자신을 아끼는 마음이 사라진다. 자기 자신을 아끼는 마음이 오롯이 자식에게로 향한다는 말이 더 옳을 것이다. 그러니 자기애와 '자식애'는 모순이면서 하나다.

자기애가 무의식적이듯, 자식애도 무의식적이다. 의식되지 않는 것이 더 강력한 법이다. 문제는 '투사'에 있다. 투사는 자신의 생각이나 감정 등을 타인에게 이전시키는 것인데, 정신분석 이론에서 심리적 방어기제라고도 한다. 투사도 무의식으로 작동한다. 아이에게 자신의 욕망이나 꿈을 투사할 경우, 아이를 자신의 분신으로 대하게 되는 것이다. 아이를 바라볼 때 과거 어릴 적 자기 자신을 떠올리는 심리 반응이 일어나는 것도 이 때문이다.

부모는 왜 그토록 아이를 다그치는가. 조바심 때문이다. 아이가 어떻게 자라게 될까, 하는 조바심이 아니다. 자기 자신에게 느끼는 조바심이다. 생각해보라. 자신이 직업을 잘 선택했는지, 잘 살고 있는지, 어떻게 살아야 할지, 이러한 고민을 하는 사람이 얼마나 많은가. 그 고민에는 과거 자신에 대한 후회와 자책이 들어 있다. 그 후회와 자책을 아이들에게 투사하는 것이다. '너는 나처럼 살아선 안 돼'라는 불안으로 아이를 대하는 것이다.

그럼에도 불구하고, 투사는 불가피하다. 궁금할 때 고개를 들어 올리는 각도까지도 비슷한, 내가 가장 사랑하는 존재를 어떻게 투사하지 않을 수가 있겠는가. 게다가 내 뱃속에서 나왔는데.

그럴 때 오히려 아이의 말과 행동, 그 자체에 집중해야 한다. 그럼, 아이의 태도에 깜짝 놀라 투사를 멈추기도 한다.

투사를 경계하면서도 투사를 어쩌지 못하는 나는, 아이에게 종종 외할아버지의 낙천적인 성격을 닮았다고 말하기도 했다. 외할아버지를 닮았다는 말을 하고 싶어서가 아니었다. 낙천이라는 단어로 미화했지만, 사실 게으르다는 말을 하고 싶었던 거다. 내 아이가 정말 게을렀을까. 그건 아니다. 아이가 더 열심히, 더 열정적으로, 더 성실하게 살았으면 좋겠다는 내 욕심이었다. 그 욕심이 아이가 게으르다고 탓하게 만든 원인이었다. 역시 나 자신이 더 열심히, 더 열정적으로, 더 성실하지 못했다는 자책이 투사된 거였다.

아이가 어느 날 말을 걸어왔다.

"엄마, 유전은 대를 걸러 격세유전 한다고 했죠?"

"응. 근데?"

"너무 좋아요."

"왜?"

"그럼 내 아이는 엄마 닮아서 공부를 잘할 거잖아."

할 말을 잃었다. 그 순간, 아이가 어떤 마음이었는지 전후 맥락을 따져보려 해도 잘되지 않았다. 아이가 제 자식의 미래를 나에게 연결해 준 상상력은 고마운 일이지만, 이러한 상상력을 만들게 된 건 분명 내 무의식적 투사를 통해서였을 것이다.

웃을 수밖에 없었다. 그래도 나중에 혹 자기 아이가 왜 공부를 못 하느냐고, 엄마 닮아서 공부 못하는 게 아니냐고 나를 탓한다면 다 받아줄 용의가 있다. 그때는 이렇게 말할 것이다. "격세유전이긴 하지. 하지만 친할머니가 아니라 외할아버지를 닮는다고 했잖아. 네 아내의 아버지!" 물론 공부를 잘한다면 내 유전자로 모든 공을 돌리겠지만.

한 가지 놓치지 말아야 할 것이 있다. 여전히 자기 안에서 조바심치는 어린아이부터 사랑해줘야 한다는 것. 과거의 나, 현재 내 안에 살고 있는 어린아이에게 너는 참 잘해왔다고, 그 선택은 불가피한 것이었다고, 진정으로 이해해주어야 한다. 그래야 내 아이와 자신을 더 사랑할 수가 있다.

아이의 리비도는 어디로 향할까

학원을 대여섯 군데 다니는 아이가 있다고 치자. 그 애는 영어·수학 학원 외에도, 그림, 바둑, 무용, 논술 학원에 다니고 있어. 그런데 그림은 누군가의 작품을 모사하는 것으로, 바둑은 몇 가지 기술을 익히는 것으로, 무용은 동작을 똑같이 따라 하는 것만으로, 논술 또한 글의 형식을 익히고 몇 가지 배경지식을 암기하는 것으로 끝나버리기 일쑤야. 그렇다면, 그 배운 것들은 자신을 성장시키는 데 별 도움이 되지 못해. 학원을 제대로 안 다녀서가 아니라 무조건 학원만 다녀서 그래. 자기에게 필요한 것을 배우는 것이 아니라, 세상이 요구한다고 느끼는 것을 생각 없이 익히면 결국 '능력'이 아니라 얕은 '기술'만 남아. 자기가 배우는 게 능력이 되기 위해서는 왜 그걸 하는지 스스로 알아야만 해. 그리고 그것을 통합할 수 있는 자신만의 아이디어가 있어야 하지.

엄마는 네가 높은 성적을 받고, 명문대에 가고, 대기업에 취직하는 코스를 밟는 걸 원하지 않아. 네가 정말로 원하는 일을 즐겁게 하기를 원해. 그 일이 돈을 많이 벌지 못하더라도 괜찮단다. 자기만의 삶이 있고 자기 자신을 삶의 주인이라고 여긴다면, 삶의 가치를 통해 영혼의 행복을 느낄 수 있으니까.

소크라테스가 "너 자신을 알라"라고 했잖아. 그 말을 '잘난 척하지 마라'와 같은 의미로 쓰고 있지만, 실은 '너 자신이 얼마나 훌륭한 영혼을 가지고 있는지 알라'의 의미로 쓰였던 거야. 그 영혼의 잠재력을 점차 계발하는 것이 인간의 소명이라는 거지.

◆ ◆ ◆

중고등학교와 대학교 때까지 성적이 좋았지만, 사회와 직장에서는 별 능력을 발휘하지 못하는 사람들이 많다. 그들은 혼란스러워한다. 왜 자신이 인정받지 못하는지 황망해한다. 열심히 지식과 기술을 습득했지만, 그것들을 통합하여 쓸 수 있는 자신만의 가치관과 지혜, 통찰력이 없기 때문이다. 지식과 전문적인 기술이 세상에 쓰이기 위해서는 그 지식을 세상에 적용하는 프레임을 짤 수 있어야 한다.

여러 분야에 박식하다고 좋은 건 아니다. 이것저것 많이 배우는 게 능사도 아니다. 아는 것, 배운 것을 '나'로 통합하는 것이 중요하다. 그것이 지성과 지혜가 되고 진정한 '나'의 능력이 된다.

글로벌 시대, 영어를 잘해야 한다는 말도 많다. 그런데 영어로 '말'은 잘하는데, '대화'가 안 되는 사람이 많다. 영어로 대화가 안 된다면, 영어로 말을 잘해봤자 별 소용이 없다. 기업이나 학계에서 필요한 건 상대방과의 대화 능력이다. 영어 대화를 잘하기 위해서라도 영어 능력이 아니라, 소통 능력이 필요하다.

무조건 성적을 높이는 공부는 오히려 시간 낭비다. 높은 성적으로만 끝날 수 있는 것이다. 그렇다고 성적에 무관심해야 한다는 얘기는 아니다. 학교 공부를 삶에 통합해나가야 한다.

'성취 지향적인 관점'에서 보더라도 이런 공부야말로 사회에서의 '성공'을 만들어준다. 어떤 지위에 오르고 리더가 되려면, '성적'이 아니라 지혜와 통찰력, 판단력이 요구된다. 그건 암기하는 지식처럼 한순간에 길러지는 것이 아니다.

사람마다 자신이 비중을 두는 삶의 가치는 다를 수 있다. 재능이나 환경, 성향과 취향, 습관, 태도, 인간관계도 전부 다르다. 자신의 위치에서 가장 아름다운 가치를 추구해야 한다. 그럼 어떻게 살 것인가에 대한 수많은 답변이 잇달아 나온다. '관념'의 형식이 아니라 '실천'의 형식으로 말이다. 자기 삶의 가치를 생각하다 보면 마음이 뭔가를 끄집어내기 전에, 이미 내 몸이 그 행위를 하고 있음을 알게 된다.

심리학자 프로이트는 이런 근원적인 에너지를 리비도Libido라고 했다. 리비도의 의미가 성적性的 에너지로 사용되기도 했지만, 지금은 좀 더 넓은 의미에서 한 인간이 지닌 에너지의 총체를 가리킨다. 우리는 이러한 리비도가 향할, 가치 있는 대상을 찾아야 한다. 그렇지 않으면 삶이 무기력해지고 진정한 행복도 느끼지 못하게 된다. 다시 말해, 잘 살 수가 없게 된다.

어떻게 가치 있는 걸 찾을까. 그게 바로 난제다. 그 대상이 딱 나타나는 게 아니기 때문이다. 그래서 '실험'이 필요하다. 실험은 시행착오의 연속일 수 있다. 실패나 좌절을 겪기도 한다. 하지만 그건 인생을 허비하는 일이 아니다. 그 과정에서 더 많은 걸 배울 수 있는 것이다. 스스로 실패와 좌절에 피드백함으로써 삶과 자아가 달라지기도 한다.

사람마다 자아의 크기는 다르다. 자아는 '자신'과 같은 것이 아니다. 자아는 '내가 생각하는 나'이다. 지금까지 어떻게 살았고 앞으로 어떻게 살 것인지에 대한 생각이 없다면, 자아는 협소할 수밖에 없다. 자아가 작은 사람은 자신의 리비도를 어디에 둘지 몰라 무언가에 쉽게 중독되기도 한다. 가장 쉽게 빠질 수 있는 것에 리비도가 향하게 되는 것이다.

아이가 공부를 덜 하고 웹툰이나 애니메이션에만 관심이 많다고 해도 너무 걱정할 필요는 없다. 웹툰이나 애니메이션에 대한 단순한 소비자가 아니라 프로슈머Prosumer가 될 수 있게 도와주면 된다. 프로슈머는 생산자를 뜻하는 'Producer'와 소비자를 뜻하는 'Consumer'의 합성어다. 그러니까 아이가 애니메이션과 웹툰을 그냥 보는 것이 아니라, 그 작품에 대한 자신의 생각을 심화하거나 가끔 창작도 해볼 수 있게 조언해주는 것이다.

인생은 정말 길다. 아마도 아이 앞엔 백 년이 넘는 시간이 놓여 있을 것이다. 그 긴 시간을 즐겁게 보낼 수 있게 하는 것도 바로 리비도의 역동성이다. 그동안 다양한 곳에 리비도가 향한들 무슨 문제가 되겠는가. 오히려 학교 성적에만 리비도가 향해 있는 것이 문제라면 문제랄 수 있다.

요즘 내 아이의 리비도는 마술에 가 있다. 〈나우 유 씨 미Now You See Me〉라는 영화를 보고 자극받은 것이다. 어딜 가나 서툰 솜씨로 마술을 하고는, 자기 자신이 가장 많이 놀란다. 그 모습이 자못 귀엽다. 그러면서 아이는 클 것이다. 그리고 과거의 자기처럼 엉뚱한 곳에 리비도를 흘린 아이를 이해하는 어른이 될 것이다.

Chapter 5
진실과 거짓말

사소한 거짓말에 분노하는 이상한 엄마

엄마가 너의 사소한 거짓말에도 화를 많이 냈지? 조금 심하다고도 느꼈을 거야. 그래, 살면서 거짓말할 때가 있지. 거짓말이 불가피한 순간도 있어. 그런데 엄마는 네가 거짓말이 필요한 순간, 정말 불가피할 때만 거짓말을 하면 좋겠어.

거짓말을 하면 어떤 순간을 쉽게 모면할 수도 있겠지. 하지만 그게 습관이 되면 상황을 직면하고 문제를 해결하는 능력이 생기지 않는단다. 가끔은 엄마가 화낼 것이 빤하지만, 사실을 말해주는 용기도 필요해. 너는 진실을 말했기 때문에 너 자신에게는 당당할 거야. 그리고 더 나아가 잘못에 대해 진정으로 반성할 때, 스스로 부쩍 자란 느낌을 받을 수도 있어.

어떤 사람이 멋있을까? 사소한 거짓말 정도는 능수능란하게 하는 사람이 멋있을까? 아니, 그렇지 않아. 거짓말을 할 수 있는 상황에서 진실을 말하는 사람이 훨씬 더 멋있어. 간혹 잘못하지 않았을 때보다 더 멋있게 보일 수도 있겠지?

그래, 사소한 거짓말은 할 필요가 없단다. 왜 '사소한 것' 따위에 거짓말을 하니? 엄마는 네가 그 작은 것에 당당히 맞서지 못하는 것에 화가 났던 거야. 차라리 불가피한 거짓말이라면 엄마는 모른 척했을 거야. 그리고 마음이 아팠겠지. 내 아들이 거짓말을 하기까지 얼마나 힘들었을까 하고.

◆ ◆ ◆

거짓말을 할 수도 있는 상황에서 거짓말을 하지 않으면 많은 능력이 생긴다. 일단, 그 문제에 긴장과 집중을 하면서 대응할 수 있는 힘이 생긴다. 그리고 만약 자신이 잘못한 일이라면, 그 일에 대해서 진정으로 반성할 기회도 생긴다. 또한 인간은 잘못할 수 있고, 용서받을 수도 있다는 걸 알게 된다. 물론 그러면서 용서받기 쉽지 않다는 사실도 배운다. 이러한 상황 속에서 자기 자신을 속이지 않았다면, 자존감까지 높아질 것이다.

거짓말은 또 다른 거짓말을 해야 하는 상황을 만들기도 한다. 나중엔 사건을 더 복잡하게 만들어버린다. 그러면 돌이킬 수 없다. 결국 문제를 해결할 수 없게 되는 것이다. 해결을 포기하고 거짓말이었다고 말하면, 상대와의 관계에서 신뢰가 떨어지고 만다.

거짓말은 종종 예상치 못한 상황에서 들통나게 되어 있다. 그러니 아예 거짓말 할 일을 만들지 않는 것이 최선이다. 그러나 사람은 불완전한 존재라서 모든 사실을 드러내며 살 수는 없다. 그래서 '비밀'이란 게 생긴다. 거짓말은 최악이고, 비밀은 차악次惡이다. 인간은 하릴없이 감추는 뭔가가 있을 수밖에 없다.

무조건 거짓말을 하면 안 된다는 뜻이 아니다. 거짓말을 할 수밖에 없는 상황도 있다. 단지 상황을 모면하기 위해서가 아니어야 한다는 것이다. 그러니까 자기 자신을 위해서가 아니라, 더 중요한 진실을 위해서 어쩔 수 없이 거짓말을 선택해야 하는 때 말이다. 물론 이때도 거짓말에 대해 책임을 져야 한다. 책임진다는 것은 자기 삶의 주인이 자신이라는 의미이기도 하다.

아이가 부모에게 거짓말을 할 때가 있다. 부모는 아이가 거짓말을 하면 큰일 난다고 생각한다. 과연 그럴까? 큰일인지 아닌지는 판단하기 어렵다. 어떤 경우에는 아이의 거짓말을 묵인하는 것이 아이에게 진실을 가르치는 데 결정적인 사건이 되기도 한다. 부모가 아이를 추궁해서 '사실'을 말하게 하는 것이 아니라, 아이 스스로 진실의 가치를 깨닫게 하는 것이 더 교육적이라는 말이다. 모름지기 교육은 '감동'에서 온다. 마음이 동하지 않으면 진정한 변화도 없다.

내게서 아이를 채근하려는 징후가 느껴질 때마다 떠올리는 영화가 있다. 이정향 감독의 〈집으로〉다. 영화를 보면서 깨달을 수밖에 없는 진실이 있었다. 아이를 잘 교육하려고 하면 할수록, 좋은 교육자처럼 행세하려고 하면 할수록, 나는 '좋은 엄마'라는 말에서 멀어져간다는 것이다. 그나마 좋은 엄마에서 멀어지는 건 겸허할 수 있었다. 그러나 '좋은 사람'에서 멀어져간다고 느꼈을 때는 견디기 힘들었다.

이런 자문을 하기도 했다. 좋은 엄마는 〈집으로〉의 할머니 같은 엄마일까? 답이 나오지 않았다. '좋은 할머니'와 '좋은 엄마'가 같은 모습이 아닐 거라는 생각 때문이기도 했지만, 〈집으로〉의 할머니 같은 엄마를 상상할 수 없었기 때문이다. 상상할 수 없는 이유는 나는 결코 그 할머니처럼 될 수 없기 때문일 것이다. 그저 '지금의 나'로서 가장 괜찮은 엄마가 되기 위해 노력할 수 있을 뿐이다.

프랑스 논술 시험 바칼로레아에 이런 문제가 나온 적이 있었다. '우리는 자기 자신에게 거짓말을 할 수 있나?' 좋은 문제다. 우리는 다른 사람에게 거짓말을 하기도 하지만, 자기 자신에게 가장 많은 거짓말을 하면서 사는 게 아닐까. 거짓말을 한다고 생각하지 못하기 때문에 더 거짓말을 하게 되는 건 아닐까.

내 아이가 "사소한 거짓말에 왜 그렇게 화를 내요?"라고 말한 적이 있었다. 적반하장이었다. 나는 이 질문에 답하기 위해 이 글을 썼다.

거짓말에 대해서 지나친 알레르기 반응을 하는 엄마에게 영향을 받아선지 내 아이도 지나치게 솔직할 때가 있다. 사실 이런 솔직함은 별로 환영받지 못하는데 말이다.

"엄마, 저를 상품으로 만들지 마세요."

이 말은, 자신을 대상으로 책을 쓰지 말라는 의미였다.

"가장 먼저 너에게 읽게 하려고 이 원고를 쓴 거야."

"그럼 우리만 읽으면 되잖아요. 책으로 출간 안 하고."

나는 또 길게 대답했다.

"이 세상에 태어나서 뭔가 가치 있는 일을 해야 하는데, 엄마가 할 수 있는 일은 이것밖에 없어. 엄마가 책을 출간함으로써 우리와 동시대를 사는 사람들에게 뭔가를 전할 수 있잖아. 그래야 네가 살아갈 세상이 조금이라도 달라질 수 있는 거고. 엄마는 그런 희망을 품고 책을 내는 거야. 엄마는 상품을 만들기 위해서 책을 쓴 게 아니라, 책을 썼더니 상품이 된 거야. 자본주의에서 책이 읽히기 위해서는 상품이 되는 수밖에 없어."

그러면서 생각했다. 아이에게 침묵도 가르쳐야겠다고.

사랑과 간절함이 만드는 진실

진실은 '있는' 것이 아니라, '찾는' 것이란다. 아무에게나 쉽게 보이는 것도 아니야. 우리는 자기 자신의 진실조차 잘 몰라.
흔히 자기발견을 위해서 여행을 가야 한다고들 하지. 대학생이 여행 경비를 마련하기 위해 많은 아르바이트를 해서 돈을 모은다고 하자. 기특한 일이야. 그런데 만약 아르바이트 때문에 고단해서 강의시간에 졸거나 공부를 소홀히 한다면 그때의 '자기'는 도대체 뭘까. 여행을 위해서 일상의 자기는 방치해도 되는 걸까. 무엇보다 여행이 자기를 찾게 해준다는 명제가 진실일까. 그 명제조차 책이나 방송 등의 매체에 의해서 자기도 모르게 학습된 편견이 아닐까. 누구나 다 여행을 가니까 자신도 가야 한다고 느낀다면 그건 더 문제겠지.
우리가 진실이라고 생각하는 것 중에는 편견이 많단다. 편견 자체보다 그 편견을 진실이라고 오해하는 게 더 큰 문제야. 네가 추구하는 '그것'

이 진실인지 아닌지 스스로 잘 판단해야겠지.

◆ ◆ ◆

아이가 물었다.

"엄마, 내가 잘생겼어요, 조인성이 잘 생겼어요?"

나는 대답했다.

"당연히 조인성이지."

아이는 다시 물었다.

"엄마, 조인성이 잘생겼어요, 내가 잘생겼어요?"

나는 다시 말했다.

"조인성이지. 조인성은 객관적으로 잘 생겼다고 정평이 난 사람이잖아."

아이는 대답을 못 들었다는 듯 다시 물었다.

"엄마, 내가 잘생겼어요, 조인성이 잘생겼어요?"

아, 나는 대답했다.

"네가 더 잘생겼지."

아이는 그제야 뒤돌아 제 방으로 들어갔다.

나는 거짓말을 하지 않았다. 아이가 질문을 끝낸 건, 내 말이 거짓말이 아니라는 걸 느꼈기 때문일 것이다. 아이가 세 번째 물었을 때 아이가 더 잘생겼다는 느낌이 '확' 왔고, 나는 그 순간을 놓치지 않았다. 그리고 진실하게 말했을 뿐이다. 진실은 나에게 있지 않았고, 나와 아이 사이에 있었다. 사랑과 신뢰가 진실을 만든 것이다.

상대가 소중하면 어쩔 수 없이 진실을 말하게 된다. 그것이 불편한 진실이라 해도 말이다. 상대가 소중하면 대충대충 선의의 거짓말조차 하지 않게 된다.

흔히 예를 드는 사례가 있다. '아이가 만약 불치병에 걸려 시한부 삶을 살고 있다면 그 부모가 아이에게 진실을 말해야 하는가'와 같은 질문. 어떻게 해야 할까. 아이가 너무 어리면 아무것도 몰라서 말하지 못할 것 같고, 조금 컸다면 알기 때문에 말하지 못할 것 같다.

그러나 이때도 진실을 말해야 한다. 사실 그대로를 말하라는 의미가 아니다. 아이가 죽는다는 그 '사실'은 진실도 뭐도 아니다. 아이를 사랑하는 부모 또한 단순하게 자기 아이가 죽는다고만 생각하지 않는다. 부모는 사랑하는 아이가 이해할 수 있는, 또한 자신을 이해시킬 수 있는 최적의 말을 찾아내게 된다. 그게 그들 사이의 진실이다. 사랑과 간절함은 또 다른 진실을 만드는 것이다.

로베르토 베니니의 영화 〈인생은 아름다워La Vita E Bella〉를 보면 진실을 마주하기 쉬울 수 있다. 이 영화의 배경은 나치의 강제 수용소다. 주인공 '귀도'가 다섯 살짜리 아들 '조수아'와 함께 수용소에 있다. 귀도는 아들에게 전쟁놀이를 하고 있다고 말한다. 계속해서 게임 규칙을 만들고 아들이 그 게임을 즐기게 한다. 죽을지도 모르는 임박한 상황이었는데도 말이다.

귀도가 거짓말을 한 걸까. 그렇지 않다. 귀도는 정말로 아이와 게임을 하고 있었다(아주 위험한 게임이라 할 수 있지만 말이다). 귀도는 단지 연기를 한 게 아니었다. 그래서 그는 죽는 순간까지 놀이를 지속할 수 있었다. 놀이를 진실로 믿지 않았다면 어떻게 죽음에 이를 때까지 계속 할 수 있었을까. 그 진실은 아이를 살리고 싶은 간절함으로 생긴 것이고 그 진실의 놀이 때문에 귀도는 아이를 살릴 수 있었다.

진실은 이 세상 늘 그 자리에 박혀 있는 도덕적인 명제가 아니라, 문득문득 순간순간 우리가 발견하거나 만드는 '그 무엇The Thing'이다. 그래서 사람들은 진실을 말할 때 모호하지만 매력적이고 눈부시게 아름답다고 한다. 아무나 진실을 발견하고 만들 수 있는 건 아니다. 사랑하는 능력과 상상력이 있으며, 순수한 마음을 가지고 현명한 판단을 내릴 수 있는 사람이 진실을 마주할 수 있다.

슬라보예 지젝은 '진짜The Real'는 우리가 사는 세상의 어느 틈에서 불쑥 튀어나오는 것이라고 말하기도 했다. 마치 환상처럼. 그래서 진실은 사실이 아니라 환상과 더 비슷한 모양을 하고 있다.

이 세상에서 가장 아름다운 것은 사랑과 진실이다. 사랑이 있어야 진실이 있고, 진실이 있는 곳에 사랑이 지속될 수 있다. 우리가 아이를 낳아서 키우는 것은 그 사랑과 진실을 가르치는 과정이다. 그 과정을 통해 우리도 더 눈부신 사랑과 진실을 배운다.

아이와 엄마 사이,
단 하나의 질문

만약, 이 세상에서 "그것이 없어도 살 수 있을까?" 하는 질문만 있다면 어떨까. 단서도, 전제도 필요 없는 단 하나의 질문 말이야.

이 질문은 모든 존재와 사물을 가른단다. 그러니까 이 질문에 대해 "살 수 있지"라는 대답이 나온다면 그건 별것이 아니야. 그러나 대답하기에 앞서 마음이 섬뜩해진다면 그건 반드시 지켜야 할 '무엇'이겠지.

일억 원을 사기당했다고 치자. 분하고 원망스럽고 바보같이 당했다는 수치심에 치가 떨릴 거야. 그런데 그 일억 원이 없어도 살 수 있다는 걸 깨닫게 되면, 그 복잡한 감정에서 해방된단다.

자신이 사랑하는 것, 그러나 항상 곁에 있어서 사랑한다는 사실조차 잊고 있었던 것을 '그것'의 자리에 두고 질문을 해보면 모든 것이 확연해질 거야.

"이 사람이 없으면 살 수 있을까?" 없으면 안 되는 그 사람은 나의 슬픔을 슬퍼하고, 나의 기쁨을 기뻐하는 사람이겠지. 어쩌면 나의 슬픔을 알아본 최초의 사람, 유일한 사람일 수도 있어.
진실한 관계가 따로 있는 건 아니란다. 관계 속에서 진실을 만들어야 해. 그저 쉽게 되는 일은 아니야. 노력이 필요해. 억지로 자신을 억누르는 노력이 아니라, 온전히 자기 자신이고자 하는 노력.

◆ ◆ ◆

과욕은 아닐까, 하고 고민하는 것이 있다. 나와 내 아이가 '부모와 자식' 그 이상의 관계이기를 바란다는 것. 과욕이더라도 버리고 싶지 않은 마음이다. 이 마음이 나 자신을 적절하게 긴장시켜주기 때문이다. 설사 그러지 않는다 해도 이 과욕을 품는 것 자체가 여러 긍정적인 효과를 파생시키리라 기대해본다.

아이도 다른 모든 사람과 마찬가지로 '나'에게는 타자他者다. 모든 타자에 대해 가져야 할 최소한의 윤리는, 내가 그 타자가 될 수 없다는 겸허함이다. 다시 말해, 타자를 무조건 '나'로 동일시하는 것을 경계해야 한다. 그러면서도 타자를 이해하려 노력하고 정확히 보려고 애쓰는 것, 그것이 우리가 할 수 있는 타자에 대한 윤리적인 태도다.

아이에 대해서는 이 태도를 유지하기가 어렵다. 너무 사랑하기 때문이다. 하지만 더 잘 사랑하기 위해서는 이 타자에 대한 윤리를 되새겨야 한다. 부모와 자식도 서로에게 타자와 타자인 것이다. 그 관계를 어떻게 만드느냐에 따라서 더 좋은 삶이 될 수 있다.

영화 〈굿 윌 헌팅Good Will Hunting〉은 관계를 어떻게 만들어야 하는가에 대해 성찰하게 한다. 청년 '윌'은 상처가 있다. 어린 시절 아버지의 가정폭력에 시달렸고 얼마 지나지 않아 부모를 다 잃었다. 그 때문에 다른 사람에게 버려지는 것을 두려워하게 된다. 다른 사람의 사랑과 관심받는 것 자체를 꺼리게 된 윌은 사랑은 이별로 끝난다고 믿어버린 것이다. 그래서 사랑받고 싶어 하는 자신의 마음을 들여다보지 못하고, 다른 사람을 외면하듯이 자기 자신도 외면한다.

윌은 수학에 천재적인 재능을 보인다. 하지만 자신의 재능조차 냉소적으로 대한다. 그저 MIT에서 청소부로 일하면서 자기 재능을 남에게 보이려 하지 않는다.

하지만 모순적인 장면이 있다. 윌이 청소 중에 칠판에 적힌 수학 문제를 풀어놓는 장면이다. 이튿날 수학 교수와 학생들은 윌이 풀어놓은 문제를 보게 된다. 윌은 자신을 내보이고 싶지 않은 마음과 내보이고 싶은 마음, 그 사이에 있었다. 그걸 자기 자신도 잘 몰랐던 것이다. 아니, 알고 싶지 않았는지도 모른다.

사랑에서도 마찬가지였다. 어느 날 윌에게 '스카일라'가 다가왔다. 그녀는 더 깊은 사랑을 원했지만, 윌은 사랑하지 않는다면서 그녀를 밀어낸다. 스카일라가 자신을 사랑하는 게 두려웠다기보다는, 자신이 스카일라를 더 사랑하게 될까 봐 두려웠기 때문이다. 윌의 두려움은 스카일라에 대한 사랑이 커지면서 생긴 것이다.

그러다가 윌은 심리학 교수 '숀'을 만나게 된다. 숀은 윌을 도와주려고 한다. 단순히 '치료'가 아니라 윌과 '관계'를 맺으려고 한다. 숀은 완벽하게 건강한 사람이 아니었다. 밝고 쾌활한 게 아니라 어딘지 우울하고 상처도 있는, 그래서 자신의 어리석음조차도 드러낼 수밖에 없는 사람이었다. 바로 그 때문에 비로소 윌의 마음이 열린다.

〈굿 윌 헌팅〉이 감동적이었던 것은, 윌이 천재라서 혹은 숀이 좋은 스승이라서가 아니다. 상처 있는 두 사람이 만나 자기 상처를 들여다보고 자신을 알게 되며, 가야 할 길을 찾게 되었다는 데 있는 것이다. 좋은 관계는 관계 맺는 것에 그치지 않고 자기 자신을 정확히 바라보게 해준다.

부모와 자식 사이에도 그럴 수 있다. 부모에게도 상처가 있다. 가끔 어쩔 수 없이 그 상처를 자식에게 내보일 때가 있다. 항상 현명하고 자식에게 모범이 되면 좋겠지만, 부모도 인간이다. 완벽하지 못한 인간이라, 자식에게 미덥지 못한 모습을 보이게 될 때도 있다. 하지만 오히려 그런 미덥지 못한 모습을 통해 자식이 부모를 더 믿게 되는 순간이 온다. 아이도 처음엔 부모의 그런 모습이 실망스럽고 불편할 수 있다.

그러나 자라면서 부모라고 완벽할 수 없다는 것, 상처도 있다는 것, 그럼에도 불구하고 자식을 어리석게 사랑한다는 것을 알게 된다. 부모와 자식이 불편한 순간을 마주치게 되더라도 함께 그 '기회'를 잘 이용해야 한다.

부모는 아이를 통해 자기 자신을 들여다본다. 그러면서 용기를 얻고 자신이 원하는 것, 가치 있다고 생각하는 것을 조금씩 해나가게 된다. 쉬운 일은 아니다. 아마 자기 자신을 들여다보지 않는 것이 더 편한 삶일지도 모른다. 하지만 행복은 편한 게 아니다. 불편한 행복이 더 느껍지 않을까.

여전히 매일매일 반성한다. 내가 아이에게 한 말과 행동에 대해서 한심하다고 생각하다가도 이내 마음을 고쳐먹는다. 그럴 수밖에 없다. 아이가 계속 변화하니 그때그때 제대로 반응을 못 했던 탓이다. 갈등은 나와 아이의 잘못 때문에 발생하는 게 아니라, 두 사람의 변화 때문에 자연스럽게 생긴 것이다. 그 변화를 성장의 기회로 삼아야 한다.

이런 반성 때문에 나는 엄마로서만이 아니라 한 개인으로서도 성장할 수 있다고 여긴다. 나 자신을 뉘우치면서 나의 조급함과 초조함, 그리고 두려움을 알게 되었다. 조급함과 두려움이 과했을 때 사랑하는 사람과 나 자신에게 상처가 된다는 것을 깨달았다. 그렇게 관계에 대해 거듭 배우는 것이다.

'단 하나의 질문'도 재소환한다. '나는 이 존재 없이도 살아갈 수 있을까?' 이 질문 속에서 내 아이에 대해, 그리고 가장 소중한 것에 대해 다시 성찰해보는 것이다.

PART 3

아이는 스스로 펜을 들었다

Chapter 1
재능과 꿈

취미를 가져도 될까

취미는 공부에 방해가 될까? 우리나라에서는 취미 자체를 일종의 기회비용이라고 생각하는 것 같아. 성적을 포기하고 취미를 선택한다는 식의 경직된 이분법적 사고를 하는 거지. 하지만 취미는 자신을 들여다볼 수 있고 때에 따라서는 기분을 해소할 힘이기도 하단다. 이왕 취미를 가질 거라면 자신의 취향을 알아둘 필요가 있어.

하버드 대학 졸업식 때 총장이 그랬다더구나. 학생들이 앞으로는 여섯 개의 직업을 준비해야 한다고. 평생직업이 없어진다는 음울한 이야기이기도 하고, 그만큼 다양하게 일을 해볼 수 있다는 흥미진진한 예측이기도 하지. 여섯 개의 직업을 가진다면, 한 가지 직업에 집착할 이유가 없잖아. 그래서 취향이 더 중요해.

직업과 취향이 좀 연결이 안 되는 것 같니? 아니란다. 결론적으로 말하면, 취향은 직업뿐만 아니라 관계를 만들고 발전시키는 데도 가장 중요한 관건이 된단다.

취향이 직업이 되고 관계가 되는 이야기를 담은 영화가 있어. 〈비포 선라이즈Before Sunrise〉란다. 이 영화는 네가 열아홉 살에 보면 좋을 영화야. 대입 시험을 치른 뒤에 보면 제일 좋겠구나. 이 영화에는 매력적인 남녀가 나와. 많이 설렐 거야, 감정이입도 될 거고. 만약 감정이입이 안 되면 2~3년 지나서 다시 봐도 좋은 영화야.

◆ ◆ ◆

〈비포 선라이즈〉를 보면 〈비포 선셋Before Sunset〉을 안 볼 수 없다. 〈비포 선셋〉을 보고 〈비포 미드나잇Before Midnight〉을 안 본다면 그 또한 무언가 발견할 수 있는 기회를 놓친 셈이다.

이 영화들의 주인공은 '제시'와 '셀린'이다. 그들은 1995년 〈비포 선라이즈〉를 찍었고, 9년 뒤인 2004년 〈비포 선셋〉으로 만났으며, 다시 9년 뒤인 2013년 〈비포 미드나잇〉으로 사랑하는 남녀의 18년을 보여주었다. 시간이 무엇인지 가늠할 수 있는 영화다.

약간 과격하게 말하자면, 이 세상 사람들을 두 부류로 나눌 수 있겠다. 이 '비포 시리즈'를 본 사람과 보지 못한 사람. 그만큼 이 영화들은 우리 마음속 '무언가'와 만나 스파크를 일으킨다. 물론 영화 자체도 아름답다. 그러나 이 영화들은 우리 자신과 만나는 지점에서 아스라한

영상을 또 한 번, 슬그머니 떠오르게 한다.

〈비포 선라이즈〉는 기차에서 제시와 셀린의 만남으로 시작된다. 그들이 어떻게 서로를 알아봤던가. 물론 몸 전체에서 풍기는 아우라에 매료된 것이겠지만, 그 아우라에 확신을 더한 것은 책이었다. 제시는 클라우스 킨스키의 《내게 필요한 건 사랑뿐》을, 셀린은 조르주 바타유의 《죽은 자》를 읽고 있었다. 지금 사람들은 기차건, 버스건 어디서나 스마트폰을 만지작거릴 텐데, 이들은 표지가 버젓이 노출되는 책을 읽고 있었다. 그리고 책 때문에 서로를 단번에 알아볼 수 있었다. '아, 저 사람은 나와 취향이 비슷하구나'라고 말이다. 그리고 대화를 해보니, 예상보다 더 통했다. 어떻게 사랑에 안 빠질 수 있겠는가.

둘은 음악 취향도 통했다. 제시는 레코드점에서 킹크스의 음악을 뒤적거렸고 셀린은 캐스 블룸의 〈Come Here〉를 꺼냈다. 둘은 좁은 감상실에서 음악만 들은 것이 아니라 서로를 조심스럽게 '감상'하면서 둘만의 세계를 만들었다.

그것이 바로 사랑이지 않던가. 둘의 사이에서 둘만의 세계가 하나 더 태어나는 것. 아마도 신이 인간에게 세상에서 단 하나만 선택하라고 한다면, 그건 사랑일 것이다.

이 둘만의 세계는 또 다른 세계로 통하는 길이 되기도 한다. 그리고 진정으로 사랑을 아는 사람들은 자기 세계만 소중하게 여기는 게 아니라, 다른 사람들 그리고 다른 사람의 세계까지 아끼게 된다.

9년 뒤 〈비포 선셋〉에서는 소설가가 된 제시와 환경운동가가 된 셀린이 해후한다. 둘은 여전히 영감을 주고받으며, 서로의 상상력을 역동적으로 자극한다. 서정적인 산책을 하고, 격정적인 다툼도 벌인다. 그 다툼 끝에는 더 아름다운 어떤 것이 기다리고 있다. 사랑하는 사람과 어떻게 싸워야 하는지 알고 싶다면 〈비포 선셋〉을 볼 일이다. 이 영화는 연인 간에는 사랑도 잘해야 하지만 그보다 싸움을 더 잘해야 한다는 것을 알려준다.

〈비포 미드나잇〉은 더 흥미진진하다. 마흔이 넘은 그들이 도대체 어떻게 사랑을 지속시킬까 하는 호기심 때문에 더욱 그러하다. 의외로(!) 그들의 삶과 사랑은 더 깊어지고 재미있어졌다. 놀랍지 않을 수 없다. 그리고 영화가 끝날 때 깨닫게 된다. 이런 놀라운 관계는 취향을 공유하고 영감을 나누는 관계에서만 가능하다는 것을.

일부러 특이한 것을 좋아하면서 남에게 과시할 이유는 없다. 이런 사람을 스놉Snob이라고도 하지 않던가. 스놉이란 자신이 가진 어떤 것, 가령 재산이나 외모, 인맥, 사회적 지위 같은 것으로 잘난 척하는 속물을 뜻한다. 요즘 같이 SNS 시대에는 스놉이 되기 쉽다. 자신의 외모나 취향, 인맥, 지위를 과장되게 '전시'할 기회가 너무 많기 때문이다.

문제는 스놉이 '진짜'를 알아보지 못한다는 데 있다. 비포 시리즈에서 제시와 셀린은 결코 스놉이 아니었다. 정말로 자신이 좋아하는 걸 더, 잘 좋아하기 위해 노력했을 뿐이다.

내 아이가 한창 게임에 빠져 있을 때였다. 아이에게 말했다.

"취향을 가져야 돼. 그래야 사랑뿐만 아니라 일도 재미있게 할 수 있거든."

"엄마, 그럼 게임은 어때요? 나는 게임에 취향이 있는데."

역시 그럴 줄 알았다. 내 말이 의도대로 전달될 리 없었다. 하지만 아이가 반응을 해왔다는 것 자체가 교육의 기회다.

"엄마는 게임을 해본 적이 없어서 잘 모르겠지만, 게임이 좋은 취향이 될 수 있는지 없는지 판단할 수 있는 기준은 알고 있어. 게임을 하고 있는 네 모습이 매력적이고 근사하게 느껴지는지 아닌지를 가늠해봐. 만약 근사하게 느껴진다면 그건 좋은 취향이고, 아니라면 그건 멀리할 일인 거지. 어때, 게임을 하고 있는 네가 멋있게 느껴지니?"

내 아이는 "엄청 멋있지!"라는 영혼 없는 대답을 하면서 그 자리를 빠져나갔다. 이런 반응이라면 부모가 이긴 것이다. 아이는 순간 결코 멋있다고 말할 수 없는 자신의 이미지와 부딪쳤을 것이다. 자존감에 약간의 흠이 생겼을지도 모른다. 그래서 억지로 자신을 긍정한 것이다. 이럴 때 자신감을 가진 부모가 아이를 앞에 앉히고 이야기를 더 풀어나간다면, 오히려 역효과가 난다. 아이 스스로 생각해볼 수 있는 시간을 주어야 한다.

좋은 취향은 자아존중감과 자아효능감이 높아지게 만든다. 자아존중감은 자기 존재 자체의 가치를 아는 것이고, 자아효능감은 자신이 무언가를 할 수 있다는 믿음에서 오는 것이다. 취향에 몰입하고 있는 시간에는 스스로를 가장 자기답다고 느끼고, 또 자신이 무언가 가치 있는 일을 하고 있다는 믿음이 생긴다. 이런 믿음이 있는 사람은 자신과 통할 수 있는 사람을 알아보게도 된다. 비포 시리즈의 제시와 셀린처럼.

아이 스스로 취미가 없다고 느낀다면, 그건 아직 발견하지 못했다는 뜻이다. 만약 아이가 게임에만 빠져 있다면 자기 취향과 취미를 발견할 기회를 잃게 될 수도 있다는 뜻이기도 하다. 아이가 게임에 조종당하는 객체가 아니라 자기 삶을 연출하는 주체가 되도록 도와야 한다. 주체만이 진짜 사랑을 할 수 있고, 진정한 행복을 느낄 수 있다.

하나의 재능을 키워야 할까

너 자신에게 재능이 없다고 판단 내리지 말고, 그 순간 네가 가장 하고 싶은 일을 하고 있으면 되는 거야. 어떤 이들에겐 재능이 쉽게 눈에 띄기도 하지만, 그렇지 않은 경우가 더 많아. 무엇이 가치 있고 재미있는 일인가를 꾸준히 생각하다 보면 점차 재능을 알 수 있게 되는 거란다.

인간의 지능은 소위 IQ로만 파악되는 것이 아니야. 무엇보다 '다중 지능'이란 게 있어. 음악 지능도 있고 자기성찰 지능, 자연친화 지능도 있지. 이런 지능이 있는 사람이 오히려 리더십과 공감 능력이 강해서 다른 사람을 더 잘 이해하고 현명하게 판단할 수 있어. 만약 논리수학 지능은 뛰어난데 자기성찰 지능이 떨어진다면 어떻게 될까? 인류에게 해를 입히는 일을 할 수도 있겠지?

• • •

아이가 재능이 없다고 말하기 전에, 재능이 있다고 알려진 사람에 대해 생각해보자. 고흐는 조현병으로 괴로워했다. 피카소는 어떠한가. 그는 여성 편력으로 유명하다. 그 여성들이 피카소의 뮤즈라고 할 수 있겠지만, 뮤즈가 너무 많았다는 게 문제다. 피카소는 그녀들과 헤어지며 극심한 상처를 입히기도 했다. 소설가 헤밍웨이나 버지니아 울프, 시인 실비아 플라스도 정신적인 문제로 괴로워했다. 슈만과 같은 음악가도 그랬다. 그들은 대체로 일 중독자였고, 사회적 소통에 문제가 있는 사람도 있었다.

이들을 폄하하려는 게 아니다. 그들의 정신적인 문제와 재능 모두 하나의 증상이라는 말을 하려는 것이다. 천재적인 재능은 종종 정신적으로 평범하지 않은 증상을 동반한다.

부모로서는 그렇다. 아이가 너무 천재적인 재능을 가지고 있는 것도 그리 달갑지 않다. '천재'라는 의미는 세상을 더 섬세하게 보고, 외부의 자극에 더 민감하게 반응한다는 것과 같다. 자신의 내면을 다른 사람보다 더 직시한다는 뜻이기도 하다 보니, 사는 게 힘들어지고 진정한 휴식도 어렵다. 다른 사람을 배려하기 어렵다 보니 신경질적이고 자기중심적인 성향이 강하기도 할 것이다. 우리가 잘 아는 간디조차도 가족이나 사적인 관계에서는 어려움을 겪었다고 하지 않던가.

아이가 인생을 즐길 만큼의 재능을 가졌으면 하는 것이 부모의 마음이다. 부모는 늘 '적당히'를 바라게 된다. 그럼에도 불구하고, 아이에게 재능이 없어 보이면 부모는 불안하다.

우리는 재능에 관해 얼마나 알고 있는가. 특정한 몇 가지만 재능이라고 생각하고 있지는 않은가.

보통 사람으로서의 재능은 끊임없이 어떤 일과 상황에 몰입하는 것이다. 단지 어떤 능력을 지니고 있는 것이 아니라, 그 능력을 발휘하고 성숙시킬 수 있는 열정과 에너지까지 모두 재능에 포함된다.

아이에게 말해주고 싶은 것은 재능이 있든 없든, 값진 인생을 살 수 있다는 사실이다. 중요한 건 '질문'을 하면서 살아야 한다는 거다. 어떻게 하면 더 가치 있는 삶을 살 수 있을지, 자신이 의미 있는 사람이 될 수 있을지에 대한 질문을 놓치지 않는 것이다. 질문하다 보면 아이는 자신의 재능을 알게 되고, 그 재능을 발휘할 에너지를 만들 수 있게 된다. 만약 그게 아니더라도, 아이의 재능이 선한 마음과 현명한 판단력이라면, 그것을 통해 세상에 기여할 수 있다.

인간에게 가장 소중한 재능은 바로 질문하는 능력이다. 이 질문 능력이 없다면 특별한 재능들은 다 소용없게 된다. 가치 있는 삶에 대한 질문을 하지 않는다면, 자신의 재능을 옳지 못한 일에 쓰거나 쓸데없는 일에 소모할 수도 있다.

심리학자 하워드 가드너는 '인간의 지능은 너무 다양해서 하나의 잣대로만 평가할 수 없다'는 '다중기능 이론'을 제시했다. 그가 말하는 인간의 지능은 9가지 유형으로 구성된다.

인간의 지능에는 '음악 지능, 신체운동 지능, 논리수학 지능, 언어 지능, 공간 지능, 인간친화 지능, 자기성찰 지능, 자연친화 지능, 실존 지능'이 있다고 한다. 인간친화 지능이나 자연친화 지능, 자기성찰 지능, 실존 지능이라는 건 무척 매력적이지 않은가. 오히려 이런 지능이 있는 사람이 리더십과 공감능력이 강해서 다른 사람을 더 잘 이해하고 문제를 더 원만히 해결할 수 있다.

나 또한 내 아이가 논리수학 지능보다 인간친화 지능이나 실존 지능이 더 높았으면 좋겠다. 물론 실제로도 그러하다. 가끔이지만, 아이는 나를 얼마나 평화롭게 해주는가.

아이가 운을 뗀다. "엄마, 지금까지 정말 열심히 공부했으니까……" 라며 말끝을 흐리면, 그 끝을 잡아채 묻는다. "그런데?" 아이는 싱긋 웃으며 "지금까지 정말 열심히 공부했으니까, 이제 더 열심히 공부한다고요"라고 말한다. 그래놓고 텔레비전을 보면서 행복해한다.

한번은 아이가 학교에서 오자마자 선생님이 한 말을 전했다. 선생님이 아이에게 "네가 어떤 사람인 줄 알겠다"라고 말했다는 거다. 앞뒤 상황을 들어보니 아이가 학교에서 사고를 친 것은 아니었다. 별것도 아닌 일이었다. 그런데 선생님은 다른 학생들 앞에서 싸늘한 태도로 아이를 평가했던 것이다.

"너는 괜찮아?"

"나는 괜찮아요. 그럴 수도 있지."

아이는 그렇게 말했지만, 충격을 받은 것이다. 집에 오자마자 저녁 준비를 하는 나에게 불쑥 그런 말을 꺼냈다는 것 자체가 충격받았다는 걸 방증한다.

아이는 자기 충격을 완화해야 하니 일단 선생님을 이해해야 했을 것이다. 선생님이 그럴 수 있다고 생각해야 자기가 겪은 일이 별스런 일이 되지 않기 때문이다. 그걸 확인하기 위해 나에게 말했을 것이다. 선생님을 원망하는 마음이 생기면 자신의 학교생활이 힘들어질 것을 알았기 때문에 나름대로 방어기제를 동원해 그 일에 대한 충격을 가볍게 처리하려고 했을 것이다. 가드너식으로 말하자면 인간친화 지능이나 자기성찰 지능이 작동한 것이다.

충격에서 빨리 헤어나지 못한 것은 오히려 나였다. 나는 그날 상처받고 흥분했다. 아이는 자신뿐만 아니라 평상심을 잃은 엄마까지 정상상태로 되돌려야 했으니 더 힘들었을 것이다. 그야말로 인간친화 지능이 높은 아이가 아닌가. 아이는 자신이 놓인 상황에 몰입하면서 자신과 나를 평상심으로 되돌려 놓았다.

왜 책을 읽어야 할까

요즘은 참 책을 읽기 어려운 시대야. 책이 없어서도 아니고, 책이 비싸서도 아니지. 시선을 빼앗는 것들이 너무 많아서야. 그리고 그 시선을 빼앗는 것들이 마음까지도 빼앗으니, 책에까지 관심을 가질 수가 없는 거지. 엄마도 다 이해해.

엄마가 어렸을 땐 책을 안 읽을 수 없었어. 물론 그때도 텔레비전이 있었지. 하지만 그걸로는 충분치 않았거든. 뭔가 더 사적이고 내밀한 나만의 것이 있어야 했어. 엄마에게 그건 책이었어.

결정적인 책을 만나는 순간은 결정적인 사람을 만나는 순간과도 비슷하단다. 살아가면서 어떤 사람을 만나느냐에 따라 그 사람의 인생이 달라질 수 있는데, 책도 마찬가지야. 어떤 책을 읽느냐에 따라 인생이 달라질 수 있어.

◆ ◆ ◆

어렸을 때 나로 말하자면, 자존감이 별로 강하지 못한 여자애였다. 다만, 책을 읽고 나면 마음이 꽉 차는 느낌이 들었다. 나도 모르게 좀 당당해진 기분도 들었다. 다른 친구들에겐 없는 어떤 정수精髓 같은 걸 가진 느낌도 들었다. 가령 《빨간 머리 앤》을 모르는 너희들과 '앤'을 속속들이 이해하는 나는 다르다, 라는 유치한 엘리트 의식을 갖기도 했다. 그때는 그랬다. 만약 그런 유치함조차 없었다면, 나는 지나치게 우울한 사람이었을 거다. 책 속의 세상이 나의 결핍감을 채워준 셈이다.

만약 열두 살에 《빨간 머리 앤》을 읽지 않았다면 나 자신을 많이 자책하고 부끄러워했을 것이다. 그 당시 나는 볼품없고 엉뚱한 공상을 하고 있었기 때문이다. 그런데 앤이 딱 그랬다. 《빨간 머리 앤》을 읽으면서 깨달았다. '볼품없음'은 앤의 개성이었고, '가난'은 좋지 못한 조건에 있는 사람들을 이해할 수 있게 한 자원이었으며, '엉뚱한 공상'은 상상력에서 나온 재미있는 생각들이라는 것을.

고등학교 때 《데미안》을 읽고 나서는 나 자신이 그렇게 이상한 사람은 아니란 걸 알게 됐다. '데미안'이나 '싱클레어' 모두 나보다 훨씬 이상한 애들이었다. 그런데도 그들은 멋지고 근사했다.

아마도 그때 호감을 느끼는 사람 스타일이 결정 났던 것 같다. 창의적이고 상상력이 뛰어나고 좀 우울한 면이 있지만 유머러스한 사람.

고독을 즐길 줄 알지만 여럿이 모이면 자신 특유의 분위기로 다른 사람을 전염시킬 수 있는 사람. 물론 이런 취향이 지금의 관계 맺기에 걸림돌이 되기도 한다. 하지만 '각인Imprinting'된 어떤 것은 쉽게 사라지지 않는다. 나는 어린 시절 읽은 책을 통해 여러 가지를 각인했고, 많은 것을 각인시킨 덕분에 결핍감을 잊을 수 있었다.

성인이 되고 나면 어떤 책이 자신의 '인생의 책'이었는지 알게 된다. 그래서 자기 아이에게도 그런 책이 있으리라고 기대한다. 아이에게 그런 책을 찾아줄 수 있을까? 어떤 책을 추천해야 할까? 아이에게 딱 맞는 단 한 권의 책을 권할 수 있을까?

그런 책을 단번에 제시하는 것은 불가능에 가깝다. 나 또한 내 아이에게 그런 완벽한 책을 찾아준 적이 없다. 그런 책을 찾으려면 그 순간, 부모와 아이의 영혼이 만나야 하고 수많은 책 중 단 한 권이 그 영혼 속에 끼어들어야 한다. 그러니 얼마나 낮은 확률이겠는가.

가장 좋은 방법은 아이를 도서관이나 서점에 자주 데리고 가는 것이다. 아이 스스로 서가를 돌고 책을 둘러보면서 가장 몰입되는 책을 찾도록 해야 한다. 그러면서 자신에게 도움이 되는 책들의 연쇄를 만들어 갈 것이다. 하지만 그건 자발적으로 도서관이나 서점에 가는 아이에게나 해당되는 이야기다. 이런 아이가 얼마나 되겠는가. 그러니 부모로서는 그저 많은 책을 책장에 꽂아놓는 수밖에 없다. 아이가 읽을 만한 책을 꽂아두고 아이가 빈둥거릴 때마다 한 번씩 툭 하고 말을 던지는 것이다.

"책이나 읽지."

아이가 책을 읽다 말거나, 읽는 둥 마는 둥하면 부모는 또 잔소리를 한다. 하지만 안 된다. 모든 책이 모두에게 좋은 책은 아니다. 누군가에게 좋은 책이라 하더라도 내 아이에게 최적으로 작동하지는 않는다. 아이는 여러 책을 전전하면서 자기 책을 발견하게 되는 것이다.

다니엘 페나크가 쓴 《소설처럼》을 보면 책을 어떻게 읽어야 하는지 나온다. 어떻게 읽어야 할까? 한마디로 말하자면, 어떻게든 읽어도 된다. 건너뛰며 읽어도 되고 끝까지 안 읽어도 된다. 또한, 아무 책이나 읽어도 상관없다. 이 세상에는 좋은 책들이 너무나 많다. 자신에게 맞지 않는다고 생각하거나 흥미를 끌지 않는 책을 굳이 붙잡고 있을 필요가 없다. 끌리는 책을 자기 마음대로 읽으면 된다.

읽고 나서 꼭 감상문을 쓸 필요도 없다. 다니엘 페나크도 말했다. 책을 읽고 나서 아무 말도 하지 않을 권리가 있다고. 사실, 나 또한 좋은 책에 대해서는 아무 말도 하고 싶지 않다. 독서교육을 한답시고 아이에게 독후감을 강요하는 것은 책에 대한 욕망을 떨어뜨리는 결과를 낳을 수도 있다. 모름지기 글쓰기는 자발적이어야 한다.

책 읽기는 대화다. 저자와의 대화이자, 자기 자신과의 대화다. 때로는 그 대화가 신선하고 낯설다. 자신이 몰랐던 자기 자신과의 대화로 이어지기 때문이다.

작가 버지니아 울프는 한 사람에게 자아가 수천 개 있을 수 있다고 했다. 보통 사람에게 수천 개까지는 아니더라도, 딱 하나의 자아만 있는 건 아니다. 그 자아들끼리의 대화는 그 사람을 통찰력 있는 사람으로 만든다. 물론 그 자아들이 잘 통합되어야 한다. 자아가 여러 개지만 잘 통합되고 균형적으로 안정된 것, 그것이 바로 성숙이다.

《빨간 머리 앤》에도 이런 문장이 나온다. "내 속엔 여러 가지 앤이 들어 있나 봐. 가끔은 난 왜 이렇게 골치 아픈 존재인가, 하는 생각이 들기도 해. 내가 한결같은 앤이라면 훨씬 더 편하겠지만, 재미는 절반밖에 안 될 거야." 상상력이 뛰어났던 앤은 자기 속의 여러 앤을 느낄 수 있었고, 그 때문에 자신을 더 성장시킬 수 있었다.

책 읽기는 결국 자신을 더 잘 알게 하고, 자신의 능력을 발견하게 만든다. 때로는 새로운 인생의 길을 열어주기도 한다. 괜한 미사여구가 아니라는 걸 알 것이다. 만약 우리가 어렸을 때 바로 '그 책'을 읽지 않았다면 지금의 자신은 없었으리라는 것을 어렴풋이 느끼고 있지 않은가. 아마 또 다른 책을 만났더라면, 다른 사람이 되었을 수도 있다.

하지만 어렸을 때 우리가 읽었던 바로 그 책이 우리 아이에게도 똑같이 적용되리라는 법은 없다. 내 아이는 《빨간 머리 앤》을 좋아하지 않는다. 조금 더 커서 《데미안》을 읽는다면 그걸 좋아할지 잘 모르겠다. 사람마다 다른 것이다. 그러니 기다리는 수밖에.

조금 멋쩍은 이야기를 하려 한다. 언젠가 아이에게 지금까지 읽은 책 중에서 가장 좋았던 책이 무엇이었는지 물은 적이 있다. 농담인지 진담인지(아마 친교적인 발언이었겠지만), 《엄마와 집짓기》란다. 《엄마와 집짓기》는 내가 몇 년 전, 부모님의 집을 지으면서 겪고 느꼈던 걸 쓴 책이다. 책 내용이 그런지라, 내 과거 이야기가 어쩔 수 없이 들어 있다. 아이는 얼핏 엄마의 마음을 엿본 것일지도 모르겠다. 좀 쑥스럽기도 하다.

꿈이 생기는 결정적 순간은 언제일까

살다 보면 결정적인 순간이 있단다. 그 결정적인 순간은 믿을 수 없을 만큼 고요해. 꿈이 생기는 순간도 마찬가지야.

엄마가 6학년 때였어. 어느 일요일 아침, 평소와 다름없는 날이었단다. 갑자기 소설을 쓰고 싶었어. 정말 뜬금없었지. 새 공책에 대여섯 페이지쯤 되었을 거야. 순식간에 써내려갔어. 뭔가 세상이 달라진 것처럼 느껴졌어. 그땐 '작가'가 되겠다는 생각은 없었어. 그냥 글을 쓴 거지. 좀 이상하지만, 글 쓰는 사람이 되고 싶다는 생각은 서른다섯 살이 넘어서 생겼단다. 그 전엔 그냥 글이 써지면 썼을 뿐이야. 중고등학교 때 백일장에 나가기도 했지만, 그때도 작가가 되고 싶다는 생각을 한 적이 없었어. 아마도 작가를 직업으로 생각하지 않았기 때문일 거야. 작가라는 고정된 역할 개념 자체를 생각하지 않았는지도 모르지. 그냥 글을 쓰는 것, 그것이 전부였어.

서른다섯이 넘어서 작가가 되고 싶었다고 했지만, 작가라기보다는 온전히 내 생각을 담은 책을 한 권 갖고 싶었다는 게 더 정확해. 그 전까진 논문만 쓰고 있었거든. 그 논문이란 게, 가끔 허망하게 느껴졌어. 논문을 읽는 사람은, 논문을 쓴 사람과 논문 심사위원들밖에 없다는 생각이 들었거든. 세상에 네댓 명만 읽는 글을 쓰는 것이 무의미하게 느껴지기도 했어. 그리고 논문이란 게 그렇거든, 정해진 형식이 있어. 그 형식에 맞지 않으면 아예 학회지에 실릴 수가 없지. 인문학이란 게 어떤 형식에 들어갈 수 없는 경우가 많은데, 형식을 따지다 보니 진짜 쓰고 싶은 글을 쓸 수가 없었어. 그래서 '책'을 내고 싶었던 거야.

그렇게 해서 작가가 된 거야. 뭐가 되고 싶어서 그걸 열심히 한 게 아니라, 그걸 하고 싶어서 하다 보니 뭔가가 된 셈이지.

그런 거란다. 꿈이 명확하지 않아도 괜찮아. 오히려 명확하지 않아서 꿈인 거야. 꿈이 구체적인 어떤 직업을 말하는 거라면 시시하지 않니? 꿈은 늘 모호하고 신비스러운 거란다. 그래서 더 그 꿈에 이르고 싶은 거지.

◆ ◆ ◆

아이에게 부모의 꿈 이야기를 들려주는 것은 퍽 의미가 있다. 부모의 어린 시절 고생담보다 훨씬 더 효과 있는 이야기다. 주의할 점은, 진실만 말해야 한다는 거다. 괜히 무게 잡고 이야기하면 오히려 역효과가 난다. 조심스럽게 차근차근 자신의 꿈 이야기를 하면, 아이는 부모의 얼굴을 보면서 자신의 미래를 떠올릴 것이다.

가끔 중고등학생들에게 꿈에 대해서 강의할 기회가 생긴다. 중고등학생들에게 하는 강의는 그 누구에게 하는 강의보다 긴장된다. 아이들의 흡인력이 너무 강하기 때문이다. 그들이 강의에 대해 집중력을 보인다거나, 강의자에 대해 지대한 호감을 갖는다는 뜻이 아니다. 메시지Message에 대해서, 그리고 낯선 이 메신저Messenger에 대해서 호기심을 갖는다는 뜻이다. 그런데 문제는 그 호기심이 아이들의 불안에서 나온다는 점이다.

한국의 학생들은 너무 불안하다. 아무리 대학에서 다양한 입시 제도를 마련한다고 해도 아이들은 그 다양한 입시 제도를 이용할 수가 없다. 그 제도라는 게 너무 자주 바뀌기 때문이다. 제도 자체가 안정되어 있지 않아 실력보다 '운'이 작용하게 되는 경우도 많다. 그러다 보니 자신들이 손해를 보게 되지 않을까, 실수나 오판을 하게 되지 않을까 불안해한다.

경쟁이 심하거나 불안한 아이에게도 이유는 있다. 실력이 단 하나의 기준으로 평가되는 것이 아닐진대, 점수로만 줄을 세운 탓이다. 아이들은 본인 앞에 있는 아이들을 끊임없이 주시한다. 그만큼 마음이 조급한 아이들은 꿈조차 빨리 정해버린다. 고정된 꿈은 잠시나마 불안을 잊게 해주니까.

강의 갔던 학교의 한 아이는 UNEP(유엔환경계획, United Nations Environment Program)에 들어가고 싶다고 말했다. 문제는, 그 아이가 자신의 상황 때문에 꿈을 이루지 못할 것을 미리 걱정하고 있다는 데 있었다. 자신이 서울이 아니라 지역의 고등학교에 다니고 있다는 것, 그래서 충분한 정보를 얻지 못하고 필요한 자질을 갖추지 못한다는 이유에서였다. 열일곱 살 아이의 걱정이 그것이었다. 아이는 무척 피로해 보였다. 아직 몸에서는 단내가 났는데 말이다.

아이가 UNEP라는 구체적인 직장이 아니라, 그저 아름다운 환경을 만드는 사람을 꿈꾸었다면 불안감 없이 행복할 수 있었을 것이다. 아이에게 말했다.

"너의 꿈은 좋은 환경을 만드는 사람이 되고 싶다는 거지? 그렇다면 네가 가야 할 곳이 꼭 UNEP이어야 하는 이유는 없어. 네 꿈을 발휘할 곳은 더 많이 있단다. 계속 환경에 관심을 가지고 그쪽으로 공부하다 보면 꿈이 더 발전할 거야."

꿈은 '관념'이라기보다는 '이미지'다. 어떤 이미지가 늘 자기를 따라다니는 셈이다. 그 이미지가 떠오르면 설레고 기분이 좋아지고 두근거리기까지 한다. 하지만 조급해지는 것도 사실이다. 자신의 능력이 모자란 것 같아 절망감을 느끼기도 한다. 어쩌면 그래서 꿈은 더 매혹적이다. 마치 손에 온전히 잡히지 않는 연인처럼, 완벽하게 가슴에 안기지 않는다.

영화 〈미라클 벨리에La Famille Belier〉에서는 어떻게, 어느 순간에 꿈이 생기는지 보여준다. 여고생 '폴라 벨리에'에게는 청각장애인인 부모님과 남동생이 있다. 가족이 장애인이라는 이유로 폴라가 주눅 들어 있지는 않다. 오히려 가족의 귀와 입이 되어 행복하게 지낸다. 폴라의 부모 또한 자존감이 대단하다. 폴라의 아버지는 이렇게 얘기한다. "내가 소리를 못 듣는 건 내 장애가 아니야. 그건 내 정체성이지." 그런 아버지가 도시의 시장에 출마하게 된다. 폴라는 아버지의 선거 운동을 열심히 돕는다.

폴라에겐 재능이 없어 보인다. 사실은 자기 재능을 몰랐을 뿐이다. 그러나 재능의 있고 없음에 상관없이 폴라는 가족을 사랑했고, 좋은 친구까지 두었다. 가족 간의 갈등은 폴라가 자신의 재능을 알게 되면서부터 시작한다.

폴라의 재능은 노래였다. 부모님과 동생이 청각장애인이었으니 폴라는 집에서 노래 부를 일이 없었다. 노래를 했다 하더라도 아무도 재능을 몰랐을 것이다. 그러던 중 우연히 합창단에 들어간 게 계기였다. 음악 선생님은 폴라의 재능을 일깨워줬다.

노래를 하면서 폴라에게는 꿈이 생겼다. 노래를 하면 할수록, 꿈이 더 분명해졌다. 폴라는 꿈을 위해 고향을 떠나 대도시로 가야만 했다.

부모는 극심하게 반대했다. 어떻게 부모가 그럴 수 있냐고 반문하고 싶겠지만, 아마 우리에게 비슷한 일이 닥쳐도 마찬가지일 것이다. 재능이 있다고 해도, 현실적으로 그 재능이 제대로 인정받을 수 있을지는 알 수 없다. 어떤 희생이 따를지도 모른다. 부모 곁을 떠난 아이가 결국 상처를 입고 좌절해서 돌아올지도 모른다.

부모의 반대에 폴라도 포기하려 한다. 그때 음악 선생님이 한마디 한다. "지금처럼 사는 것이 정말 네 인생 맞아?"

결국 부모는 폴라를 보낸다. 사랑은 각자가 자신의 삶을 잘 살 수 있게 도와주는 것이다. 설사 그 도와줌이 헤어지는 일이라 하더라도 말이다.

폴라가 자신의 재능을 발견하고 꿈을 갖는 순간은 아주 고요했다. 그때 폴라는 당황한다. 마치 망치로 머리를 맞은 듯한 모습으로 거울을 본다. 어쩐지 낯설다. 자기 얼굴이 낯설어서가 아니다. 진짜 꿈을 갖게 된 자기 얼굴을 처음 봐서다.

폴라는 노래가 좋았다. 그래서 계속 노래를 했던 것뿐이다. 무언가를 지속하고 있으면, 어느 순간 인생의 또 다른 궤도에 진입하게 된다. 그것이 꿈을 이루어가는 과정이다.

내게도 꿈이 하나 더 생겼다. 어떤 이미지가 나를 따라다니는데, 그건 어른이 된 내 아이의 모습이다. 부드럽고 빛나는 미소를 지닌 한 청년의 이미지가 떠오른다. 예술을 사랑하고 현명하면서도 소박한 남자. 허영심 같은 건 없고 진실만을 추구하는 사람. 강자에겐 강하고 약자에겐 관대한 사람. 아마 이 이미지는 더욱더 발전할 것이다.

가끔 아이에게 이 이미지에 관해 이야기한다. 아이는 다소 부담스러운 듯 자리를 피한다. 그런 청년이 되는 것이 부담스러운 것이 아니라, 엄마의 이상한 표현 방식이 부담스러워서일 것이다. 하지만 엄마의 꿈이 자신이 사회에서 성공하기를 원하는 것이 아니라, 좋은 사람이 되어서 삶을 이끄는 것, 자신의 가치를 최대한 발휘하길 바란다는 사실을 아는 것만으로도 아이는 편안함과 충족감을 느낄 것이다.

Chapter 2

함께하는 글쓰기

결핍이 글을 쓰게 한다

네가 처음 글쓰기를 도와달라고 했을 때 엄마는 감동했단다. 드디어 올 것이 왔구나 싶었어. 그 기회를 놓치지 않으려고 적절한 거리를 유지하려고 했어. 너무 개입하지도 않고, 너무 무관심하지도 않게 말이야. 겨우 시작된 너의 '동기 유발'을 놓치지 않으려고 애를 썼어. 그건 너에게 쉬운 일이 아니었겠지만, 엄마에게도 의미 있는 실험이었어. 정확히 네가 스마트폰과 게임을 끊은 두 달 반 만에 이룬 쾌거였지. 두 달 반 동안 힘들었지? 대견하다.

네가 작가가 되기를 바라면서 글을 쓰라는 게 아니야. 그건 네가 선택할 문제지. 다만 글쓰기는 한 개인을 성장시키는 가장 매력적인 방법이기 때문에 너에게 권했던 거야. 좀 더 근원적으로 얘기하자면, '말'과 '글'은 그 사람 자체란다. 무엇보다 글은 그것을 쓰는 과정에서 지속적으로 피드백해야 하므로 더 깊은 성찰을 하게 되지.

좋은 사람이 되기 위해 글을 쓰는 거란다. 아니, 점점 더 좋은 사람이 되기 위해 글을 쓴다고 해야 되겠다. 글은 네가 아는 걸 잘 표현하는 것이 아니라, 네가 알고 싶은 것을 더 잘 표현하기 위해 애쓰는 과정이기도 해. 네 생각을 그대로 옮기는 게 아니라, 네 생각이 무엇인지 더 정확하게 찾아야 하는 거지. 네가 알고 있는 세상에 대해 쓰지 말고 이 세상의 모습을 탐색해보면서 써보렴.

◆ ◆ ◆

우선 이 이야기부터 해야겠다. 나는 내 아이에게 글쓰기를 가르쳤고, 아이는 몇몇 대회에서 수상도 하게 됐다. 글을 쓸 때는 전에 없는 집중력을 발휘하기도 하지만, 여전히 글쓰기를 충분히 즐기지 않는다.

아이의 글쓰기는 반半자발적으로 시작되었다. 피교육자가 백 퍼센트 응하는 교육은 없다. 특히 교육자가 부모인 경우에는 더욱 그러하다. 하지만 오십 퍼센트만 자발적이어도 충분하다.

내 경우는 그랬다. 아이에게 가끔 '글 좀 쓰자, 글 좀 쓰자' 감질나게 주문을 걸었지만 아이는 움직이지 않았다. 그러던 어느 날 학교 과제로 글을 쓰는데 도와달라고 했다. 옆에 스마트폰도 없고 게임도 하지 않으니 무척 심심했을 거다. 뭐라도 하자, 생각했을 것이고 그 '뭐'가 글쓰기였다. 내 아이의 글쓰기는 그렇게 시작되었다.

가장 좋은 글쓰기의 상태는 '끼적거림'이다. 끼적거림이란 그야말로 그냥 쓰는 것이다. 써야 한다는 당위도 없고, 잘 써야 한다는 강박도 없으며, 급기야 뭔가 쓰고 있다는 의식도 없는 상태. 그 상태일 때는 자신의 내면에서 새롭고 낯선 어떤 것이 계속해서 흘러나온다.

내 아이는 아직 자발적인 끼적거림을 하지 않는다. 끼적거림은 뭔가가 차고 넘쳐야 시작되는데, 내 아이에겐 이제야 채워지는 중이기 때문이다. 시인 기형도에게는 '질투'가 '나의 힘'이었지만, '글쓰기의 힘'은 ('결핍'이 아니고) '결핍감'이다. 다시 말해, 결핍감이 차고 넘쳐야 끼적거리는 글쓰기가 가능하다. 내 아이의 경우에는 결핍감이 결핍되어 있다.

결핍감은 무엇에 대한 것인지도 중요하다. 역설적이지만, 그 결핍감을 주는 대상이 무엇인지 정확하지 않아야 한다. 돈, 명예, 지위와 같이 명확한 대상은 글쓰기를 위한 결핍감을 조성할 수 없다.

글을 쓰는 사람은 '무엇인지 모르지만' 자신을 휘감는 어떤 것을 밝혀내기 위해 글을 쓰기 시작한다. 이것을 '진실'이라고 말하고 싶다. 진실은 아무에게나 아무 곳에나 널려 있지 않다. 진실을 찾고자 하는 사람에게 운명처럼 언뜻 그 모습을 비칠 뿐이다. 가령, 도스토옙스키는 아버지를 죽인 아들, 한 개인의 진실을 찾기 위해 《카라마조프가의 형제들》을 썼고, 플로베르는 불륜에 빠진 쇼핑 중독녀의 자살에 숨겨진 진실을 드러내기 위해 《보바리 부인》을 썼다.

그런데도 도스토옙스키는 그 진실에 대해서 겸허했다. 누가 아버지를 죽였는지 작가 자신은 말할 수 없었다. 플로베르도 감히 보바리 부인을 감상적으로 변호하지 못했다. 보바리 부인이 자살하려고 음독을 시도했으나, 그녀의 예상처럼 곧바로 죽지 못하고 한 달을 끌어 처참하게 죽어간 것을 있는 그대로 묘사해야만 했다.

대문호 작가를 운운하니 이게 뭔가 싶을 것이다. 위축되라고 한 말이 아니다. 글쓰기에서 무엇이 가장 중요한가를 알려면 가장 좋은 글쓰기를 예로 드는 것이 타당하리라는 생각에서 두 작가를 얘기할 수밖에 없었다. 그들은 찾은 것을 쓰지 않고, 찾으면서 썼다. 글을 쓰는 과정은 '무언가를 찾는 과정'이라는 의미다.

그래서 가장 나쁜 글쓰기는 이미 찾은 것을 옮기고 또 옮기는, 복사하는 글쓰기다. 이를테면, 정답이 있고 자신은 충실하게 정답을 기록하는 글쓰기는 새로운 통찰이나 발견과 전혀 상관이 없다. 또한, 그것이 좋은 글쓰기가 아니라는 사실을 모르기에 더 위험하다.

대부분의 논술은 그렇게 해서 쓰인다. 아이들은 미리 답을 알고 있다. 학교 폭력에 대해서 글을 쓰라고 했을 때 아이들은 이미 그것을 어떻게 글로 '처리'해야 할지 알고 있다. 학교 폭력에 따로 성찰하지 않는 것이다. 자기만의 언어가 없는 건 물론이고 마음에서 튀어나올 수도 있는 통찰을 이미 알고 있는 정답이 막아버린다. 그렇게 쓰인 글은 자신의 삶과 아무 관련이 없다. 글과 삶이 따로 놓여 있는 것이다.

글쓰기 교육의 현주소다. 논술 교육의 가장 큰 문제는 정답의 아이러니다. 정답을 썼지만, 그 답은 이미 죽은 것이다. 아무것도 변화시키지 않고, 심지어 정답을 쓴 사람과도 관련이 없다.

아이와 글쓰기가 시작된 날, 내가 가장 많이 한 말은 "정말로 그렇게 생각해?"였다. 이미 아이는 정답을 알고 있었다. 아이에게서는 거의 자동으로 일반화된 정답이 튀어나왔다. 하지만 그것은 자기 생각이 아니었다. 아이가 진짜 자기 생각을 하나하나 찾아 나가면서 글을 쓰는 과정은 가장 자기다운 길을 만들어가는 과정과도 비슷했다.

아이는 길이 만들어지는 과정을 신기해했다. 글이 완성되자 스스로 낯설어했다. 자기 앞에 놓인 자신이 쓴 낯선 글, 그것이 아이를 매료시키기 시작했다.

비의지적 기억이 글을 쓰게 한다

어떻게 하면 잘 쓸 수 있을까? 우선, 잘 쓰려는 마음을 내려놓아야 한단다. 잘 쓰려고 하면, 그 마음이 앞서서 네 진짜 마음을 못 들여다볼 수도 있거든. 글을 쓰기 시작했을 때는 잘 쓰겠다는 마음보다는 더 정확히, 더 진실하게 쓰겠다는 마음이 중요해. 잘 쓰려고 하면 정확하고 진실하게 쓰기 어렵지. 그렇다고 막 쓰라는 의미는 아니야. 더 정확하게 느낀다는 건 생각보다 쉽지 않아. 잘 쓰기보다 더 어려운 거지.

만약 네가 길을 가다가 폐지가 높이 쌓인 리어카를 끄는 할머니를 봤다고 치자. 그리고 그걸 이렇게 표현하는 거야. "할머니가 불쌍하게 보였고 마음이 슬펐다."

그래, 그럴 수 있지. 하지만 네 마음을 좀 더 자세히 들여다 봐. 단지 불쌍하고 슬프기만 했을까? 화가 나지는 않았니? 그 할머니의 가족이나 이웃, 국가 등을 상대로 원망의 마음은 들지 않았니? 이 세상에 대한 뭔지 모를 분노나 저항은 생기지 않았니? 그래서 오히려 그 할머니를 외면하고 싶지는 않았니? 미안하기도 하고 화가 나기도 해서 말이야. 글은 이런 마음을 표현해야 하는 거야. 잘 쓰려고 하지 않으면 다 느껴져. 그 느낌을 말하듯이 그냥 쓰는 거야. 그럼 '너만의 문체'가 만들어진단다.

◆ ◆ ◆

글쓰기를 어려워하는 아이들의 얘기를 들어보면, 항상 첫 문장이 힘들다고 한다. 뭔가 근사한 첫 문장이 있으리라는 편견 때문이다. 처음부터 그렇게 힘을 주면 중압감으로 아무것도 쓸 수 없다. 그냥 일단 시작해야 한다. '글은 편집할 수 있다'는 생각이 중요하다. 쓰다 보면 앞부분에 대한 새로운 아이디어가 떠오르기도 하고, 그 아이디어 때문에 뒷부분이 더 잘 써지기도 한다. 그러니까 무조건 쓰고 보는 거다. 중얼거리듯, 친한 친구에게 말하듯, 자기 자신에게 말하듯.

글쓰기 교육에 관한 영화가 있다. 심지어 이 영화는 잘 만들어졌다. 과장 없이 꽤 현실적이며, 모든 잘 만들어진 영화가 그러하듯 희망도 품고 있다. 구스 반 산트의 영화 〈파인딩 포레스터Finding Forrester〉다.

천재적인 소설가 '포레스터'가 고등학생 '자말'에게 글쓰기를 가르친다. 그런데 가르치는 방법이 우리 생각과 조금 다르다. 독설을 하고 무시도 하는 둥 자기 마음대로다. 그러나 이 또한 글쓰기 교육의 한 장면이 될 수 있다.

교육에서 단 하나의 옳은 방법이란 없다. 교육 관련 정보 중에서 이렇게 하면 된다, 라고 주장하는 정보는 미심쩍다. 교육이 아니라 조련 방법 같다. 만약 내 아이에게 그 조련 방법을 적용시킨다면, 내 아이는 그 방법을 쓰는 엄마의 의도를 정확히 포착하고 심드렁해 할 것이다. 아이마다 접근 방식이 달라야 한다는 말이다.

포레스터와 자말 사이에도 이런 개별성이 있었다. 포레스터가 독설을 하면 할수록 자말은 호기심을 품었고 통찰력을 발휘했다. 포레스터는 독설만 했을까. 아니었다. 독설을 하면서도 끊임없이 자말의 글을 읽었다. 독설의 형식으로 발화되기는 했지만, 그건 분명 지속적인 대화였다.

대화. 이것이 관건이다. 가장 좋은 글쓰기 교육은 대화다. 교육 주체와 객체의 대화, 더 나아가 글 쓰는 자기 자신과의 대화다. 글쓰기에서는 교육 주체가 자기 자신이 될 수도 있다. 내적 대화가 충실히 이루어진다면 말이다.

〈파인딩 포레스터〉에서 글쓰기 교육에 대한 명장면은 이렇다. 역시나 첫 문장을 어떻게 시작해야 할지 난감해하는 자말에게 포레스터는 말한다.

"초고는 가슴으로, 수정은 머리로."

거칠게 말하자면, 초고는 충동적으로 쓰면 된다. '충동적'으로가 중요하다. 내키는 대로 쓰는 거다. 쉬울 것 같지만 그렇지 않다. 충동을 '글'로 발산시키는 행위를 해본 적이 없어서다. 게다가 쓴 글을 남에게 보여줄 거라고 생각하면, 더욱 충동적으로 써지지 않는다. 자기검열이 일어나는 것이다. 하지만 이때도 잊으면 안 된다. 이건 초고라는 것을. 수정할 수 있다는 전제로, 남의 평가를 의식하지 않고 써야 한다.

다음은 글을 수정하는 것이다. 수정은 어렵다기보다는 지루하다. 이 지루함을 견디는 건 어려운 일이다. 하지만 견뎌야 글이 완성된다. 수정을 지속하는 것은 달리 말해 자기가 쓴 글을 스스로 피드백하는 것이라고 할 수 있다. 자기 글의 최초 비평가가 되는 셈이다. 자기 글을 비평할 때 올바른 자세는 '잘 쓴 글'을 선택하지 않고 '좋은 글'을 선택하는 것이다.

좋은 글이란 유일한 글이다. 유일한 글을 쓰기 위해서는 유일한 자기 자신과 깊게 대화해야 한다. 그러다 보면 비의지적 기억이 떠오를 때도 있다. 비의지적 기억은 글쓰기에 있어서 일종의 횡재다. 프루스트의 《잃어버린 시간을 찾아서》에서 매우 강력한 모티프Motif가 된 '마들렌과 홍차의 감각'도 비의지적 기억이었다. 비의지적 기억은 평소에는 의식되지 않다가, 갑자기 뜬금없이, 맥락 없이, 순식간에 떠올라서 매우 강력하게 다른 감각이나 이야기를 파생시키는 역할을 한다. 잊힌 기억이 되살아난다는 건, 그만큼 인생의 볼륨이 더 두꺼워진다는 의미 아니겠는가.

추리 소설 작가 아가사 크리스티도 이런 얘기를 했다. "예상치 않은 순간 마음속에 줄거리가 떠오른다. 길을 걷다가 혹은 쇼윈도의 물건을 바라보다가 문득 범인이 어떻게 범행을 저지르는지와 같은 멋진 생각이 스친다."

몇 시간씩 컴퓨터 앞에 앉아 있다고 해서 글이 써지는 건 아니다. 어떤 글은 순식간에 써진다. 작가들의 이야기를 들어봐도 그렇다. 몇 시간 고민한 글보다 비의지적 기억으로 갑자기 떠오른 이미지를 통해 신들린듯(!) 써내려간 글이 좋은 경우가 많다.

비의지적 기억, 그건 재능 있는 작가에게만 주어지는 능력이 아니다. 글을 쓰고자 하는 모든 이에게 열려 있다. 잘 쓰려는 마음을 내려놓았을 때, 자신의 마음을 들여다보고 정확히 쓰려고 하면, 언젠가 비의지적 기억이 살아난다.

길을 걷거나, 타야 하는 버스를 놓쳤거나, 잠에서 깬 새벽일지도 모른다. 그 순간, 영감처럼 비의지적 기억이 떠오를 것이다.

찰나의 감정이 시를 부른다

시를 쓰기 전에, 기형도 시인의 〈엄마 생각〉을 읽어볼까.

열무 삼십 단 이고
시장에 간 우리 엄마
안 오시네, 해는 시든 지 오래
나는 찬밥처럼 방에 담겨
아무리 천천히 숙제를 해도
엄마 안 오시네, (…)

시의 앞부분이야. 엄마는 이 시를 처음 봤을 때 놀랐단다. 특히 '찬밥처럼 방에 담겨'에서 말이야. 엄마의 어릴 적을 생각하면 스스로가 '양은 도시락 같은 방에 남겨진 찬밥 덩이'처럼 느껴졌거든. 좀 감상적인 표현이라 이제는 쓰기 민망해졌지만, 가끔 그 느낌이 되살아나는 건 기형도의 이 시 때문이겠지.
시인은 어렸을 적 숙제를 하면서 엄마를 기다린 느낌이 되살아나서 이런 시를 썼을 거야. 시를 쓴다는 건 그 찰나의 감정을 붙잡는 거지. 그래서 시인 파블로 네루다는 "새가 내게로 왔다"라는 말을 했지. 너에게도 이런 경험이 있을 거야. 갑자기 어떤 느낌이 확 밀려 들어오는 때 말이야. 혹은 어떤 대상이 낯설고 새롭게 보이거나….
그게 바로, 시가 된단다.

◆ ◆ ◆

배우 유아인은 '엄홍식'이라는 본명으로 시를 쓰고 발표한다. 그가 쓴 시는 이렇다.

> 예쁜 것들은 예쁜 것만이 아니고 / 사랑하지만 굳이 사랑은 아니야 / 봄은 쓸데없이 많은 시를 남기고, / 꽃들은 쓸데없이 많은 의미를 가졌고, / 이별해도 이별하지 않은 마음. / 다 해도 하지 못한 말들. / 연약한 오해들, / (…하략. 〈예쁜〉의 일부)

시적 긴장이 크지는 않지만, 찰나의 감정, 모순적이기까지 한 자신의 느낌을 붙잡은 것은 확실하다. 그의 이런 시심이 '스튜디오 콘크리트'를 만들었을 것이다. 유아인은 이 창작 스튜디오의 편집장이다. 다양한 분야의 예술가들이 모여, 영감을 주고받고 서로의 뮤즈가 되고 있음이 틀림없다. 그의 서정적인 발성Diction도, 광기 어린 액션Action도, 아이러니한 리액션Reaction도 다 그럴만한 이유가 있었던 것이다.

유아인은 시를 쓰면서 살고 싶다고도 했다. 그에게 시를 쓰는 일은 연기를 하는 일과 함께 시너지를 낼 것이다. 찰나의 감정을 표현하는 것은 시뿐만 아니라 연기에도 본질적인 것이다. 그뿐일까. 찰나의 감정을 표현하는 것은 일상에서도 중요한 사건을 만들어낸다.

내 아이가 중학교 1학년 때 시에 대해 물었다. 무엇이든 직접 해보는 것이 교육 효과가 높다. 아이가 '시'가 무엇인지 묻는다면 시를 써 보게 하는 것이 제일 좋다. 그냥은 안 된다. "시를 한 번 써 봐"라는 말에 시를 한 편 써내는 아이는, 아마 없을 것이다. 그러나 함께 만들어보는 것은 가능하다.

나는 대수롭지 않은 시를 아이와 함께 만들었다. 대수롭지 않은 시를 만듦으로써 시라는 것이 늘 대수로워야 하는 것은 아니라는 사실을 알려주고 싶었다.

시는 그날 하굣길에 한 통화 내용으로 만들어졌다.

"엄마, 나 가출할 거야."

"응? 왜?"

"가출할 거야. 엄마 싫어. 일 년 후에 사람 돼서 돌아올게."

"그래, 어디로 갈 건데?"

"○○아파트 ○○동 ○○호."

우리 집이었다.

"그래, 집 다 왔구나."

"몰라. 전화 끊어."

시가 되기 위해서는 찰나의 감정만 잘 포착하면 된다. 그때 아이의 감정이 어땠을까. 아이는 집 앞에 다다랐을 때 문득 들어가기 싫다고 느꼈을 거다. 엄마로부터 '압력'을 받을 테니까. 자기 운신의 폭이 부자연스러워질 거라고 예감했을 것이다. 그리고 옛날이 그리웠을 거다. 엄마로부터 어떤 강요도 받지 않고 마음껏 컴퓨터 게임을 할 수 있었던 때.

아이는 엄마가 싫다고 했지만, 엄마에게 미안하기도 하고, 엄마가 애처롭다고 느끼기도 했을 거다. 엄마도 자기로 인해 마음 상할 때가 있다는 걸 아니까. 무엇보다 아이는 가출하고 싶었던 것이 아니라 가출하고 싶다는 말을 하고 싶었던 것이리라. 그렇게 말함으로써 투정을 부리고, 그 투정을 엄마가 받아주기를 바랐을 거다. 그러니까 아이의 '찰나의 감정'은 좀 복잡했던 것이다.

그 찰나의 감정을 통해 아이와 함께 만든 시는 이랬다.

○○아파트 ○○동 ○○호 앞

옛날 우리 집이 아니다

엄마, 나 가출할 거야

왜?

일 년 후 사람 돼 돌아올게

일 년 지나면

엄마 맘에 들고

내 맘에 드는 내가 될까?

엄마 상처받을까 장난처럼 그랬지만

정말 가출하고 싶다는 말은 하고 싶었다

하지만 진짜 가출은 못 한다

엄마 때문에.

아이에게 물었다. 이 시에서 감정을 더 강하게 느껴지게 만든 요소가 무엇이냐고. 학교에서 잘 배운 덕분인지, 아이는 '리듬'이라고 대답했다. 함께 시를 쓰면서 아이가 알게 된 것은 이것이리라. 시란, 일상에서 느끼는 찰나의 감정을 리듬 있는 언어로 표현하는 것.

이 과정을 다 끝내고, 화답 시를 요구하고 싶었지만 그렇게 하지 않았다. 단지 화답 시라는 게 있다는 말만 했다. 언젠가 받아볼 것을 기대하면서 말이다.

아이에게 미처 하지 못한 '감상적인 표현'을 좀 덧붙이려 한다.

과연, 그때 나는 기형도의 시에서처럼 '찬밥처럼 방에 담겨' 있었다. 지금은 그 방이 내 마음에 들어와 있다. 내가 담겨 있던 방을 내가 품게 된 것이다. 그 방은 늘 비어 있어서 오히려 온전히 내 것 같다. 간혹 외로운 것도 그 방이 있어서고, 덕분에 그 방에서 눈물도 쏟아낼 수 있다.

부모로서 살기, 가끔 참 외롭다. 온전히 '나'로서 존재할 수 없기도 하다. 아이에게 '부모'로서의 '말'과 '행동'을 선택해야 하기 때문이다. 역할 갈등이 생기고 실존의 위기조차 느껴진다. 그럴 때 위로와 아픔이 되는 사실이 있다. 우리 부모도 우리 때문에 외로웠으리라는 것. 그 외로움 때문에 우리 부모도 더 성장했으리라는 것.

질문이 글을 쓰게 한다

책을 읽거나 영화를 보고 나서 감상문이나 비평문을 쓸 때가 있지? 감상문과 비평문의 차이는 뭘까?
감상문이 책이나 영화에 대해 느낀 점을 주관적으로 쓰는 거라면, 비평문은 그에 대한 생각이나 느낌을 근거로 해석하는 글이란다. 감상문은 어떤 독자를 상정하고 쓰는 글이 아니지만, 비평문은 다른 사람에게 보여준다는 걸 전제하면서, '나는 이렇게 생각하는데, 너는 어때?' 라고 질문하는 글이라고 할 수 있지. 그래서 비평문을 쓸 때는 그 책을 쓴 저자나 영화를 만든 감독에 대해 조사하기도 해. 더 깊이 들어가서 그 작품이 나온 배경에 대해서도 공부하고, 독자나 관객들이 어떻게 받아들일까도 생각해보면서, 좀 더 섬세하게 그 작품 자체를 분석하게 된단다. 비평문을 쓰는 과정 자체가 공부하는 과정인 거지.
그렇다고 비평문이 딱딱하기만 한 글은 아니야. 오히려 비평문도 아주 아름다운 문학작품이 될 수 있어. 쓰는 사람의 가치관이 들어가게 되거나 자기 자신만의 문체가 생길 수도 있는 거지.
이 세상 모든 것이 비평의 대상이 될 수 있단다. 텔레비전 프로그램에 대해서 비평할 수 있고 음악이나 미술, 건축도 비평의 대상이 돼. 게임 비평도 있고 음식이나 요리 비평도 있지. 정치 비평, 사회 비평도 가능하고 일상문화 비평도 할 수 있단다. 어떤 대상에 대해서 글을 통해 견해를 밝히고 싶다면 그건 전부 비평문이 되는 거야.
세상에는 공부할 것이 참 많아. 공부한다는 건 자신의 모자람을 안다는 뜻이지. 모든 시작은, 자신의 부족함을 아는 것에서 시작된단다.

◆ ◆ ◆

좋은 작품을 읽은 뒤에 감상문이나 비평문을 쓰는 일만큼 공부가 되는 경우도 별로 없다. 이 과정에서는 감성과 이성이 모두 작동한다. 정말 좋은 작품은 영성靈性에도 영향을 미친다.

내 학생 중에 H가 있다. 좋은 작품을 보는 안목이 있고 그것에 대해 말하거나 글을 쓰는 감각이 탁월한 학생이다. 강의실에 예민하고 사색적인 학생이 있다는 건 교수에게 더없는 기쁨이다. 그런 학생은 교수를 기분 좋게 긴장시킨다.

어느 날 H가 메일을 보내왔다.

"할머니께서 요양병원에 1년 정도 계시다가 돌아가셨어요. 마지막 한 달 정도는 의식이 없으셨어요. 할머니께서는 당신 의지대로 아무것도 할 수 없는 시간을 보내셨고, 겉모습과 눈빛이 제가 알고 있던 할머니가 아니어서 받아들이기 굉장히 힘들었습니다. 돌아가시기 일주일 전부터는 몸에서 냄새도 나기 시작했어요. (…) 그런데 너무나 이상하게도 할머니께서 돌아가시는 그 마지막 순간, 어쩐지 저는 할머니에게서 존엄과 품위를 느낄 수 있었어요."

그때 보낸 답장 일부를 옮기면 이렇다.

"할머니를 통해 겪은 일, 그런 경험을 할 수 있는 사람은 드물단다. 너는 그 드물고 소중한 일을 겪었으니 행운인 거야. 네가 어떤 어려운 상황에 놓이게 될 때 그 경험이 힘이 될 거다. (…) 네 인생이 아름답게 펼쳐졌으면 좋겠구나. 그럴 거라 믿는다. 늘 네 가치를 발휘할 수 있는 곳에 있으렴."

H의 할머니께서 돌아가실 때 존엄과 품위가 함께했던 이유는 그 순간 당신의 소명을 다하고 당신 몫의 고통까지 겸허히 받아들이셨기 때문일 것이다. 그렇기 때문에 '존엄사'가 단순히 '안락사'가 되어서는 안 되며, 진정으로 존엄하기 위해서는 자기에게 남은 자기 몫의 고통도

받아들여야 하는 게 아닐까.

H는 할머니의 마지막 얼굴을 읽을 수 있는 능력이 있었다. 이런 능력이 있는 H의 미래는 아름답겠지만, 그만큼, 그렇기 때문에, 더 힘들 것이다. 예민한 아이니 늘 '진짜'를 추구하면서 살아가겠지만, 그 때문에 상처도 더 많이 받을 것이다. 상처만큼 더 현명해지기를 바랄 뿐이다.

H로부터 메일을 받기 전, 강의시간에 미카엘 하네케의 영화 〈아무르Amour〉에 대해 얘기한 적이 있다. 그때 내가 H의 얼굴을 봤었는지 기억에 없다. 하지만 어떤 얼굴이었는지 가늠할 수는 있다. 그 얼굴을 떠올리며 이 글을 쓴다.

〈아무르〉는 노년 부부의 이야기다. 아내는 뇌졸중에 치매다. 온종일 침대에 누워있어야 하고, 정신도 온전하지 않다. 아내는 종종 자기 자신으로 돌아왔을 때마다 남편에게 죽여달라고 애원한다. 하지만 남편은 그럴 수 없다.

부부는 연명 치료를 하지 않기로 결정한다. 생명을 연장하는 것은 아내에게 고통만 줄 뿐 아무런 의미가 없다. 남편은 아내를 요양원에 보내지도 않는다. 그곳엔 '삶'이 없고, '인간성'도 없기 때문이다. 남편은 아내가 죽기만을 기다리는 귀찮은 '생존체'로 존재하는 것을 참을 수 없다. 그녀는 자신과 삶을 함께한, 사랑하는 사람이기 때문이다.

부부는 집에서의 완화 치료를 선택한다. 아내의 죽음은, 역시나 고령의 남편이 함께한다. 남편은 힘들다는 말을 하지 않는다. 그저 묵묵히 아내를 지킬 뿐이다. 아내는 정신이 들 때마다 이제 그만 보내달라고 애원한다. 하지만 여전히 남편은, 아내를 보낼 수 없다.

어느 날, 아내는 통증을 호소하는 신음을 낸다. 신음은 이미 비인간적인 괴성이 되어 있다. 남편은 아내를 쓰다듬는다. 그리고 뜬금없이 소년 시절 이야기를 시작한다. 집을 떠나 캠프를 갔을 때의 이야기다. 아내의 신음은 계속해서 이어진다. 남편은 차분히 이야기를 계속한다. 그리고 베개를 집어 아내의 얼굴을 누른다. 이내, 아내의 숨이 멎는다.

끝이 아니다. 남편은 아내의 침대와 주변에 꽃을 놓는다. 그리고 창과 문을 모두 테이프로 싼다. 방은 커다란 관이 된다. 남편은 이제 혼자서 글을 쓰기 시작한다. 딸에게 보내는 편지다. 편지를 쓰다가 목소리를 듣는다. 아내의 목소리다. “이제 나갈 시간이에요.” 남편은 그 목소리를 따라나선다.

남편은 아내의 바람대로, 안락사를 허락해야 했을까. 그것이 사랑Amour일까. 이 영화는 안락사 혹은 존엄사가 일종의 위생적인 죽음이며, 죽음의 순간까지 기다릴 수 있는 것이 진정한 인간의 존엄이 아닐까 하는 생각을 하게 만들었다. 그리고 더 중요한 것은 고통과 두려움 속에서도 존엄하려면 사랑이 있어야 한다는 것을 알려주었다. 그러니까 존엄보다 우선적인 건 사랑이라는 것. 죽음에 대해 우리가 준비해야 할 것은 사랑뿐이라는 것이다.

〈아무르〉를 본 사람과 보지 못한 사람의 차이를 말해도 될 것 같다. 보통 어떤 영화를 본 사람과 보지 못한 사람을 대비하는 것은 과장이 될 수밖에 없다. 그 영화가 아무리 뛰어나다 한들, 그걸 보고 말고가 우리 인생에 대단히 큰 간극을 만들지는 못한다.

그러나 〈아무르〉는, 본 자와 보지 못한 자의 대비가 가능하다. 〈아무르〉는 타인의 죽음에 대한 경험을 전혀 다른 '사건'으로 해석하게 해준다. 〈아무르〉를 본 후 나는 그간의 죽음에 대해 그리고 앞으로 마주할 죽음에 대해 이전과 다른 나로 사유하며 느끼고 있다는 것을 깨달았다. 이제 〈아무르〉를 보기 이전의 나로 돌아가기는 어려울 것이다.

H가 내 연구실에 왔다. 자신은 아직 울지 못했다고 말했다. 할머니를 보내드릴 준비가 안 된 것이다. 죽음에 대한 애도 실패를 흔히 '우울증'이라고 규정하지만, H는 우울증이 아니라 할머니와 함께 있는 것이었다. H는 언젠가 할머니를 보내드릴 수 있다는 걸 알고 있었다. 깊은 사랑을 받아본 적이 있는 사람은 큰일에도 대범할 수 있는 법이다. H도 그럴 것이다.

내 아이 얘기가 아니라 내 학생 이야기를 했다. 내 아이도 좋은 작품을 감상하고 비평할 줄 아는 안목을 가졌으면 하는 바람으로. 무엇보다 아름다운 감성과 이성, 영성을 갖게 되기를 기원하는 마음으로.

Chapter 3
논술

타인이 아니라
자신을 설득한다는 것

만약 네가 엄마에게 무언가를 주장하고 싶다면, 논술문을 이용하면 좋겠구나. '십 대에 놀이 시간이 충분해야 하는 이유'라든가, '청소년에게 반드시 필요한 경험'이라든가, '스마트폰이 우리 삶에 미치는 건강한 효과'라든가, '엄마의 관용이 아이를 관대하게 한다'라는 주장을 담은 글이라든가. 그럼 엄마도 열심히 읽어줄 용의가 있단다. 혹시 모르잖아, 엄마가 완전히 설득당할지도.

논술문은 남을 설득하기 전에 자신을 먼저 설득하는 글이야. 토론도 마찬가지란다. 토론으로 남을 설득하기 위해서는 우선 자신을 설득할 수 있어야 해.

토론이라고 해서 커다란 책상을 가운데 두고, 둥글게 앉아서 대화를 나누는 걸 의미하는 게 아니야. 가령, 한 친구의 방에 앉거나 누운 채로 여러 가지 일들에 대해 토론할 수 있지. 사는 것, 노는 것, 공부하는 것,

먹는 것에 대해서도 얘기를 나누겠지. 이완된 상태에서 멋진 근거를 들면서 대화를 하는 거란다.
엄마도 카페나 공원의 벤치에서 이런 저런 깊은 대화를 할 때가 많아. 그게 얼마나 도움이 되는지 몰라. 작정하고 토론하는 것보다 더 좋은 아이디어가 나올 때도 있지.
논술도 마찬가지겠지? 논술에서 필요한 창의성 또한 경직되었을 때보다 이완되었을 때 더 잘 발휘된단다.

◆ ◆ ◆

글쓰기는 자발적이어야 한다. 그래야만 글을 쓰는 일이 헛되지 않는다. 논술문은 대학에 가기 위해서 쓰는 글이 아니다. 오히려 대학 합격을 위해서 '전술'을 익히는 것은 결국 글에 대한 흥미를 떨어뜨리고 글의 본질을 영영 모르게 만들지도 모른다. 고등학교 때 논술 사교육을 철저하게 받은 대학생들의 글을 보면 천편일률적이고 따분하다. 너무 빤하니까 읽고 싶은 생각도 사라진다. 그걸 쓰는 본인은 얼마나 힘들었겠나. 정답을 쓰려고 애쓰는 과정 자체가 노동이었을 거다.

대학에 가기 위한 논술문이 나쁘다는 뜻이 아니다. 대학 논술 전형 문제를 보면 중요한 논제들을 다루고 있다는 걸 알 수 있다. 학생들의 생각을 정리할 수 있는 계기가 되는 문항도 있다. 그러니까 만약 논술 전형으로 대학에 가려 한다면, 진정 논술문 쓰기를 좋아해야 하고 즐겨야 한다. 그리고 자신의 논술문 스타일에 맞는 논술 문제가 나오는 대학을 선택하는 거다.

논술문은 '에세이Essay'다. '논쟁적인 에세이Argumentative Essay'로 보기도 하지만 그것은 논술문의 영역을 한정시키는 결과를 낳는다. 에세이란 자기 생각을 쓰는 글이다. '나는 X에 관해서 이렇게 생각한다'가 논술문의 기본 틀이다. X에 관해 다른 사람들의 생각이 있을 수 있으므로, 그 관점들을 자기 글의 근거로 삼거나 혹은 비판할 수도 있다. 이런 과정을 거쳐서 남을 설득하는 논술문이 된다. 남을 설득하기 위해서는 먼저 자신을 설득해야 한다. 그러기 위해서는 빤한 근거는 안 된다. 빤한 말로써 설득하기는 힘들다. 일단 빤하면 쓰고 싶어지지 않고, 읽고 싶은 마음도 들지 않는다.

'환경을 보호해야 한다'라는 주제로 논술문을 쓴다고 해보자. 그 근거로 후세에 좋은 환경을 물려주기 위해서라는 이유를 든다면, 물론 맞는 말이다. 하지만 별로 매력적인 근거는 아니다. 상대의 마음을 움직일 수 없다.

어떻게 해야 마음을 움직이는 논술문을 쓸 수 있을까? 일단 글을 쓰는 자기 자신의 마음에 울림이 있어야 한다. 글 쓰는 이가 진정 환경을 보호해야 한다는 생각을 해야 한다. 논술문은 단지 '쓰는' 것이 아니다.

'실천'의 문제다. 글쓰기는 실천하기와 멀리 떨어져 있지 않다.

만약 '동성애자들에 대한 올바른 태도를 논술하라'는 문제에 접한다면, 어떻게 써야 할까? 동성애자와 같은 소수자에 대한 이해가 필요하고 그들 또한 사회의 구성원이므로 차별받지 않을 권리가 있다는 글을 쓸 것이다. 좀 더 논술에 숙련된 아이라면, '차별'이 아니라 '차이'에 대한 인식이 필요하며 타자의 타자성을 인정해야 한다는 문장을 적소에 배치할 것이다. 그건 분명 정답이다.

그런데 그렇게 쓴 아이의 삶도 그러할까. 오히려 정답을 씀으로써 자신도 모르게 자기기만을 범한 건 아닐까.

그렇다면, 동성애에 대한 자신의 생각을 있는 그대로 쓰는 것이 옳을까? 그것이 동성애를 혐오한다는 내용이더라도? 아니다. 글을 쓰면서 동성애를 공정하게 이해하기 위해 노력해야 한다. 그러면서 자신의 태도를 올바르게 바꾸는 거다. 더 정확하고 정당한 관점을 갖는 과정, 삶에서 그 관점을 실천하는 것이 바로 글쓰기다.

논술문은 다양한 영역을 아우른다. '진리는 객관적 사실과 일치하는가?'와 같은 철학적인 논제나, '학교 교육은 어떠해야 하는가'와 같은 사회문제 논제도 있다. '어떤 이성 교제가 바람직한가'와 같은 테마도 논제가 될 수 있다. 우리가 살아가면서 얻게 되는 모든 문제제기 전부다 논술문의 영역이 될 수 있는 것이다. 텔레비전에서 동물 학대에 관한 다큐멘터리를 봤다면, 그 테마가 마음을 움직였다면, 그 문제에 대해 더 공부해서 논술문을 쓸 수도 있다.

논술문 쓰기는 칼럼 쓰기나 시사 · 경제 · 정치 · 문화 평론 쓰기로 이어지기도 한다. 자신의 글을 읽고 누군가 뜻을 같이한다면 더욱 의미 있을 것이다. 이렇게 해서 일종의 '연대'가 만들어진다. 연대란 함께 광장에 나아가서 시위를 하는 것만 뜻하는 게 아니다. 오히려 느슨하고 보이지 않는 연대가 더 지속적이며, 의미 있고 아름답다. 그런 연대는 '글'이 기초가 되는 경우가 많다.

반대로, 글로 인해 비판 세력이 생기기도 한다. 의견의 대립과 투쟁이 글을 통해 시작되는 것이다. 아이들이 글의 힘을 알게 되면, 글이 지면 위에만 있는 것이 아니라 세상 속에서 움직이고 있다는 것을 알게 되면, 더욱더 글에 대한 흥미를 느끼지 않을까.

지식이 아니라
관점을 갖는다는 것

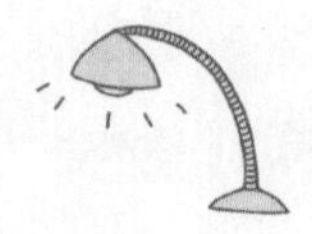

입시 논술에서 높은 점수를 받을 수 있는 방법, 있단다. 일단 배경지식이 많아야 한다고들 하지? 그래서 요약본을 읽잖아. 칸트도 나오고, 들뢰즈도 나오고, 아인슈타인도 등장하는.

그래, 그런 책이 전혀 도움되지 않는다고는 생각하지 않아. 좋은 요약본은 핵심 개념들을 비교적 정확하게 일러주고 있거든. 좋은 상식 사전과 같은 역할을 하기도 하지. 화장실 같은 데 놓아두고 수시로 훑어도 좋을 거야. 하지만 딱 거기까지.

그렇다면 배경지식을 위해서 수많은 철학책과 사회학책, 역사책, 과학책을 읽어야 할까. 그러면 좋겠지만, 어렵게 손에 쥐고 읽더라도 이해는 잘 안 될 거야. 그럴 땐 어려운 번역서를 읽는 것보다 한국 지식인이 쓴 것 중에서 네게 맞는 책을 선택해 읽는 게 더 도움된단다. 한국 사회와 한국인의 삶을 통해 학문적 통찰을 보여주는 책이라면 더 좋겠지.

그런데 그것만으로도 입시 논술을 하는 데에는 한계가 있어. 제일 중요한 게 남았단다. 그건 바로 문제 자체를 잘 이해하는 거야. 다시 말해, 문항과 제시문을 독해하는 일이지. 결국, 중요한 건 '독해 능력'이라는 거야.

논술은 '정답'을 쓰라는 게 아니야. '자기 생각'을 쓰라는 거지. 자기 생각을 쓰려면 문제를 잘 읽어야 해. 문제를 오독해서 제멋대로 자기 생각을 쓰면 그 또한 좋은 논술이 아니야. 토론을 잘하려면 상대방 말을 잘 들어야 하듯이, 논술문을 잘 쓰려면 문제를 잘 읽어야 한단다.

◆ ◆ ◆

입시 논술문을 잘 쓰려면 문제를 잘 읽어내야 한다. 독해 능력은 평소에 책을 읽으면서 향상될 수 있다. 독해 능력이란 무엇일까. 텍스트의 내용을 액면 그대로 수용하는 능력일까. 아니다. 독해 능력이란 그 텍스트와 대화하는 능력이다. 텍스트의 일차적 의미를 이해하면서 더 나아가 숨은 의미나 텍스트가 미처 다 말하지 못한 부분까지도 채워 넣는 것을 의미한다.

그렇기 때문에 논술문을 쓸 때 제시문을 단순 요약하는 것이나, 제시문의 있는 그대로를 답안에 넣는 것은 좋은 방법이 아니다. 글의 구성상 제시문이나 문항의 내용을 인용할 수는 있겠지만, 말 그대로 그건

'인용'의 차원에 그쳐야 한다.

입시 논술문에 정답이 있는 건 아니다. 입시 논술문에서조차 좋은 글은 나올 수 있다. 평가자들은 정답을 찾은 학생이 아니라 좋은 글을 쓴 학생에게 높은 점수를 준다. 입시 관계자들이 평가 후에 자주 하는 말이 있다. 이번 논술문에는 '빤한 답안'이 많았다는 것. 입시 논술문도 일반적인 글쓰기와 마찬가지다. 빤하지 않은 글에 높은 점수를 준다.

입시 논술문에서 좋은 글은 뭘까. 그건 제시문과 대화적 관계에 있는 글이다. 일반적으로 입시 논술에서 제시문은 4개 이상이 나온다. 그 제시문은 상호텍스트적Intertextually으로 읽힌다. 상호텍스트적이란 텍스트들끼리 어떤 관계가 있다는 뜻이다. 제시문(텍스트)들끼리 주제가 비슷하거나 공통된 소재가 있을 수도 있고, 한 제시문이 다른 제시문의 보충이거나 반론일 수도 있다.

제시문의 관계를 미리 알 수 있는 방법도 있다. 문항을 미리 살피면 된다. 그렇다고 제시문을 읽기 전에 문항을 너무 철저하게 분석할 필요는 없다. 그럼 제시문 자체에 몰입하기가 어려워지기 때문이다. 빠른 속도로 최대한 몰입해서 제시문을 읽는 것만으로 충분하다.

몇몇 대학의 2016년 논술 문제를 훑어보면, '국가와 세금제도', '소통과 관용', '소수자의 인권'에 관한 것 등등 주제가 다양하다는 것을 알 수 있다. 이 주제로 논술문을 쓰기 위해서 미리 준비해야 할 것은 배경지식이 아니라, '관점'이다. 지식이 아무리 많아도 건강한 관점이 없다면 결국 논술문 쓰기는 별 가치가 없는 일이 돼버린다. 또한 건강한 관점을 갖는다는 것은 일상생활에서 바로 그 관점을 실천한다는 의미다. 그러니까 논술문을 잘 쓰기 위해서는 '잘 사는 것'이 우선되어야 한다.

좋은 에세이는 궁극적으로 '어떻게 살아야 하는가'라는 질문에 대한 성찰이다. 가령, 빅터 프랭클의 책 《죽음의 수용소에서》 2부 〈비극 속에서의 낙관〉은 훌륭한 에세이다. 빅터 프랭클은 유대인으로 제2차 세계대전 중 아우슈비츠 수용소에 있었다. 그 체험을 1부에서 서술하고, 2부에서는 그것을 바탕으로 어떻게 살아야 하는가에 대해 자신의 생각을 밝힌다. 그는 어떤 상황에서도 의미 있는 삶이 가능하다고 말한다. 자유가 전혀 없는 상황에서도 그 상황에 대한 '태도'는 자유롭게 택할 수 있다고 말이다.

홀로코스트Holocaust는 가장 비인간적인 상황이었기에 극도로 잔학하고 비열한 인간성이 난발되기도 했지만, 또 그 때문에 초인간적이고 가장 숭고한 인간성이 발현되기도 했다. 이런 근거를 통합하여 그는 '로고테라피Logotherap'를 제안했다. 로고스Logos는 '의미'를 뜻하는 그리스어다. 그러니까 로고테라피는 삶의 의미를 끊임없이 찾으라는 주장이다. 설득당하지 않을 수 없다. '체험'과 '근거' 그리고 '실천'으로 이루어져 있는 이 에세이가 고전이 될 수밖에 없는 이유다.

우리의 현실과 《죽음의 수용소에서》는 멀지 않다. 감히 우리의 상황이 수용소에서의 상황과 비슷하다고 말하려는 건 아니다. 다만 우리도 종종 실존적 위기를 경험하며, 왜 살아야 하는지, 삶에 어떤 가치가 있고 내가 무엇을 할 수 있는지를 고민한다. 이런 허무함에 빠지기도 한다는 점에서, 우리에게도 로고테라피가 필요하다는 것이다.

논술과 《죽음의 수용소에서》 또한 멀지 않다. 논술은 체험과 근거, 실천이 그 본질이 되어야 하기 때문이다. 그래야만 글쓰기와 삶 모두가 의미를 갖는다.

인문학의 소비 대상이 아니라 주체가 된다는 것

논술에 관한 책들이 너무 많지? 어떤 게 좋은지 선택하기 어려울 거야. 글쓰기를 단지 표현하는 기술로만 보는 책들은 대부분 좋지 못해.
논술에 대한 책보다, 네가 읽고 싶은 책을 읽는 것이 더 도움될 거야. 좋은 책이란 한 번 읽고 던져놓게 되지 않아. 옆에 두고 생각날 때마다 펼치게 된단다. 엄마에게도 그런 책이 있어. 고마운 책들이지.
요즘엔 '패스트 북Fast Book'이 많은 것 같아. 맛과 편리함만 생각해서 가공한 패스트 푸드처럼 책도 읽기 편하게 가공이 된 거지. 가공되면 영양소는 변질되잖아. '인스턴트 북'이라고 해도 틀린 말은 아닐 거야. 즉석에서 읽히고 그대로 버려지는 책들이 대량으로 생산되고 있는 거지. 역시 자본주의가 만든 부산물들이야.
'좋은 책'을 발견하는 것, 그 '좋은 책 리스트'를 네가 갱신하는 것, 그것도 '좋은 인생'이란다.

◆ ◆ ◆

논술에 관한 여러 책을 뒤적이다 Y 씨의 책을 읽게 되었다. Y 씨의 글은 한 자 한 자 읽히는 것이 아니라, 마치 기차가 한꺼번에 몇 량씩 훅 훅 지나가는 것처럼 읽혔다. 그만큼 속도감이 있었다. Y 씨가 텔레비전에 나와서 말하는 스타일과도 비슷했다. 분명하고 간결하며 속도감이 있는.

Y 씨의 논술 책은 2015년 서울대학 논술 문제에 대한 일종의 풀이집이었다. 그 풀이 과정이 한 권의 책으로 되어 있었다. '이 한 권의 책으로 혼자서도 논술 준비를 할 수 있다'라는 문구가 표지에 있어서 이게 무슨 의미인가, 한참 궁리하기도 했다.

뭔가가 있겠지, 하는 생각으로 읽었다. 그런데 좀 의아한 데가 있었다. Y 씨가 문항 3의 〈논제 2〉를 잘못 해석하고 있었다.

논제 2 : 우리는 주변에서 손금을 보는 것과 같은 행위를 수없이 발견할 수 있다. 이와 관련된 구체적인 예를 두 가지 들고, 이 행위가 가지는 의미를 기술한 후, 인간이 이러한 행위를 하는 이유에 대해 논하시오.

| 조건 1 | '손금을 보는 것과 유사한 행위'들의 분류 기준을 제시하고 서로 다른 유형에 속하는 사례를 들 것.

| 조건 2 | 두 가지 예 중 하나는 논제 1에서 서술한 손금에 대한 나폴레옹의 태도와 연관 지어 설명할 것.

| 조건 3 | 자신의 견해에 대한 예상 반론과 그것에 대한 반박을 포함시킬 것.

여기서 Y 씨가 잘못 해석한 부분은 조건 3이었다. 조건 3은 조건 1과 조건 2에 따라 자신이 제시한 '손금을 보는 것과 유사한 행위'를 하는 이유에 대한 반론을 쓰고 이것을 다시 반박해서 자신이 제시했던 이유를 더 공고히 하라는 의미였다. 그러나 Y 씨는 '운명론과 기복 행위가 완전히 사라지지 않을 것이다'라는 식으로 납안을 작성해두었다. 왜 사람들이 손금 같은 것을 보는지에 대해 자신이 제시한 이유를 반박하지 않은 것이다.

Y 씨는 '손금을 보는 것과 유사한 행위'에 대한 이유를 '사람이 운명론과 기복 행위에 빠지는 것은 인간 본연의 유한성 때문이 아니라 무지 때문이다'라고 했다. 그럼 예상 반론은 '사람이 운명론과 기복 행위에 빠지는 이유는 무지 때문이 아니라 (_____) 때문이다'가 될 것이다. '(_____)' 부분에는 사람이 운명론과 기복론에 빠지는 또 다른 이유를 써넣어야 한다. 그리고 다시 한 번 이 반론을 반박하면서 자신이 제시했던 이유, 즉 '무지 때문'이라는 것을 옹호했어야 한다.

눈치챘는가. Y 씨는 예상 반론으로 제시할 만한 문구를 앞서 적어놓았다. 바로 '사람이 운명론과 기복 행위에 빠지는 것은 인간 본연의 유한성 때문'이란 문구다. 그러니까 조건 3에 따라 답안을 작성한다면 이런 순서가 될 것이다.

'❶ 사람이 운명론과 기복 행위에 빠지는 것은 무지 때문이다. ❷ 혹자는 인간 본연의 유한성 때문이라고도 한다. ❸ 하지만 아니다. 사람이 운명론과 기복 행위에 빠지는 것은 유한성 때문이 아니라 무지 때문이다.'

물론 여기서 ❷와 ❸ 사이에는 충분한 근거가 들어가야 한다.

나는 Y 씨의 실수에 대해 어떤 식의 판단을 내리고 싶은 마음은 없다. 하지만 2015년 서울대 논술 시험 문제를 풀이하는 것으로 한 권의 책을 내고, 그것이 논술 시험 모두를 대처할 수 있는 '표준 훈련법'이라고 하는 것과 그 책을 통해 학생들이 혼자서도 대학 논술을 준비할 수 있다고 광고하는 건, 동의할 수 없다.

자본주의 사회에서는 '지식'도 상품이 될 수 있다. 지금 내가 쓰는 이 원고도 상품이 될 것이다. 하지만 상품으로 만들기 위해 지식을 포장하는 것과 지식을 구성하여 상품이라는 형식으로 내놓는 것은 다른 차원이다.

텔레비전에 나오는 인문학 강사들도 마찬가지다. 자신이 그동안 통찰해온 삶과 사람에 대한 견해를 삼가면서, 청중에게 겸허하게 피력하는 것은 지식인으로서 좋은 태도다. 하지만 쇼맨십으로 사람들을 장악하면서 덜 익은 지식을 쏟아내고 삶의 방식을 단언적으로 가르치려는 강사는 뭇사람을 단지 '소비자'로 만들 뿐이다. '인문학의 소비자'란 표현은 모순이다.

인문학은 소비되어서는 안 된다. 인문학 수강자들을 소비자로 만드는 강사는 결국 그 수강자들을 소외시킨다. "내 말대로 살라"라는 건 결국 수강자들에게 '주체'로서 살지 말라는 전제가 도사리고 있기 때문이다. 진정한 인문학 강의는 일방적 지시가 아니라 대화를 지향해야 한다. 수강자들이 자신의 삶을 스스로 생각할 수 있는 여지를 주어야 한다.

인문학 강의가 성인 대상에서 중고등학생 대상으로 확산되고 있다. 이 강의들이 학생들에게 '당위'가 아니라 이 당위에 대한 타당한 질문을 던질 힘을 주면 좋겠다. 이 힘이야말로 글쓰기의 힘이며, 그것은 곧, 삶의 힘이 되기 때문이다.

감응하며 글을 쓴다는 것

텔레비전 다큐멘터리에서 이런 멘트가 나오더구나.
"2015년 한국의 평균 결혼 자금은 2억 7천만 원이다."
사실이겠지. 그런데 이 사실 속에 내포된 진실은 무엇일까. 지금 결혼을 하려면 적어도 2억 7천만 원이 있어야 한다는 것일까. 2억 7천만 원이 없다면 결혼을 꿈꾸지 말아야 한다는 뜻일까. 아니란다. 이 명제의 진실은, 빈부 격차가 극심하다는 거야.
그래, 감이 오지? 이 평균을 만든 사람들은 소수라는 거고, 그 소수가 쓰는 결혼 비용은 어마어마하다는 거지. 최소한의 결혼 비용도 마련하지 못해서 동거를 하는 사람들도 있을 거야. 그들이 치른 비용은 평균 근사치에 들어가지도 못하겠지.
글을 쓴다는 건 세상을 정확히 보고 판단한다는 것을 의미하기도 해. 통계적인 사실이라 하더라도 그것이 진실을 정확히 드러내는 것은 아니란다. 오히려 통계가 진실을 은폐하기도 해. 결혼 비용이 2억 7천만 원이라는 말에 얼마나 많은 청춘이 좌절하겠니. 또 얼마나 큰 박탈감과 열등감을 느끼겠니. 하지만 진실을 안다면 박탈감과 열등감을 느낄 일이 아니라는 것을 깨닫게 되겠지.

논술문은 세상에 감응하는 글이란다. 세상에서 일어나는 일들에 대해 단지 논리적으로 대응하는 글이 아니라, 깊이 느끼고 깨닫는 과정을 거치면서 작성된단다.

◆ ◆ ◆

논술이 대학을 가기 위한 수단이 아니라고 강조했던 나도 이런 실수를 범했다.

아무것도 하지 않는 듯한 몸놀림으로 집안을 어슬렁거리는 아이에게 말을 걸었다.

"너는 논술로 대학 갈 거지?"

"그럴 수도 있고, 아닐 수도 있고."

"만약 논술로 대학을 가려면 성적도 신경 써야 해. 대체로 내신과 수능 점수가 높은 학교에는 논술 전형이 있거든. 적어도 ○○대 갈 성적은 돼야 하는데……."

"그럼 ○○대 가지, 뭐."

"근데, 지금 네 성적으로 많이 부족하다는 거 알지?"

"그럼 논술로 대학 안 가면 되죠."

"그러면 왜 논술을 공부하는데?"

"인생을 잘 살려고 하는 거죠."

"……그래, 네 말이 맞다. 네 말이 맞지. 근데, 논술 공부해서 여러 가지로 쓰면 좋잖아. 대학 가는 데 써도 좋고."

내 아이 말이 맞다. 하지만 나는 굳이 내 아이의 말에 숨어 있는 생각을 읽어낸다. 읽어내지 않을 수 없다. 그리고 또 말을 덧붙인다.

"문제는 네가 말하는 태도야. 너는 회피하고 싶어 하거든. 성적이 좋아야 하는 현실, 엄마와 대화를 하고 있는 이 상황까지 다 부담이 되겠지. 그러니까 회피하고 싶은 거야. 하지만 회피한다고 상황이 달라지지는 않잖아. 오히려 회피는 기회를 상실하게 만들어. 회피만 하다 보면 결국 중요한 때를 놓치게 되지."

물론 내게도 잘못이 있다. 아이에게 스스로 생각할 시간을 주지 않고 여전히 조급해한다.

"그래, 엄마가 더 잘못했어. 엄마가 네게 논술을 가르치면서, 이런저런 생각을 하다 보니 본질에서 벗어났던 거야. 엄마도 계속 성찰하면서 중요하고 가치 있는 게 무엇인지 탐구할게."

20%만 하기로 했다. '부모의 강요'와 '자식의 회피'는 어쩔 수 없이

'한 묶음'이다. 당연한 현상이다. 완전히 없앨 수 없다. 그러니까 부모는 지금껏 하던 강요의 20%만 하고, 아이는 지금껏 하던 회피의 20%만 하자고 마음을 다잡는 거다.

논술을 왜 써봐야 하는지, 대학 입시 논술 문제를 한번 볼 필요가 있다. 실제 대학 논술 문제는 여러 조건이 따라붙어서 오히려 자유로운 생각을 하는 데 방해가 되기도 한다. 하지만 제시문들 중에는 읽을 만한 것이 꽤 있다. 오히려 제시문을 몰입해서 읽다 보면 논술 문제의 조건들도 별로 까다롭지 않게 느껴진다. 특히 제시문과 문항 조건이 필연적으로 잘 연계된 경우는 더욱 그렇다.

아랫글은 각각 2016학년도 B대 인문사회계열, 2015학년도 Y대 사회계열 논술시험에 나온 제시문이다.

나는 민주적인 마음의 습관을 형성하고 배양할 때 낯선 이들의 대면적 경험이 얼마나 중요한지를 강조해왔다. 경험이 세상을 보는 눈을 바꿀 수 있지만 그 반대도 마찬가지다. 세상을 보는 눈이 경험의 의미를 바꿀 수 있는 것이다. 예를 들어 내가 길을 걸어가고 있는데 노숙인이 다가와 돈을 달라고 한다. 그가 요구한 것을 내가 주어야 하는지의 문제는 제쳐놓고, '타자성'과의 이러한 대면의 질은 내가 어떤 상상력을 결부시키는가에 좌우된다. 그 상상력은 내가 타자성에 어떻게 접근하여 관계를 맺는지 그리고 거기서 무엇을 얻는지를 결정짓는다. '두려운 상상력'의 렌즈를 낀다면 나는 이 사람을 위협으로 바라본다. 그는 수염이 덥수룩하고 몸에서 지독한 냄새가 난다. 나는 그가 신체적으로 또는 정신적으로 질환이 있다고 가정한다. 이 경험을 해석하는 다른 렌즈가 있다. 사회학자 밀스가 말한 '사회학적 상상력'이 그것이다. 이제 노숙인은 미국사회의 흠을 볼 수 있는 자료가 될 수 있다. 그는 세계에서 가장 부유한 국가에서 바닥으로 떨어지는 사람들을 붙잡을 안전망이 없다는 것, 성인 노숙인의 4분의 1 정도가 참전 용사라는 것을 상기시켜준다. 나는 그를 뒤로 한 채 걸어가면서 소셜Social 엔지니어가 되어 구제 프로그램에서 수입 재분배 전략 등의 가능성에 대해 생각한다. 또 다른 렌즈는 '연민의 상상력'이다. Compassion을 글자대로 해석하면 '누군가 함께 느낀다는 것'이다. '함께'라는 작은 단어 뒤에 커다란 이야기가 숨어 있다. 사전에 따르면 그 단어는 "누군가가… 다른 사람과 함께 있는 것"을 가리키는 데 사용된다. 그리고 Company의 의미는 "빵을 함께 나누어 먹는 사람"에 뿌리를 두고 있다. 연민의 시선으로 노숙인을 바라볼 때, 나는 이렇게 말할 수 있다. "이 사람과 나는 같은 테이블에 앉아 같은 데서 나오는 음식을 먹는다. 우리 삶과 운명은 서로 얽혀 있다. 따라서 나는 행동해야 한다." 당신이 정확하게 어떻게 행동해야 마땅한지를 내가 지시할 수 없다. 그것은 당신이 내려야 할 윤리적 결정이다. 나의 요점은 간단히 말해 이렇다. 이렇게 낯선 사람들과 함께하는 경험이 시민 공동체 의식을 심화하고, 민주적인 마음의 습관을 배양하도록 하려 한다면 연민적인 상상력의 렌즈가 필수적이다.

(2016학년도 B대 인문사회계열)

인간이 아무리 이기적이라고 할지라도 인간의 본성에는 이와 상반되는 몇 가지 원리가 분명하게 존재한다. 이 원리들로 인해 인간은 타인의 운명에 관심을 가지게 되며, 바라보는 즐거움 이외에 얻는 것이 없어도 타인이 행복해지기를 바란다. 연민이나 동정이 이런 종류의 원리다. 타인의 비참함을 목격하거나 아주 생생하게 느끼게 될 때 우리는 이러한 감정을 느낀다. 우리가 타인의 슬픔을 목격하고 슬픔을 느끼는 일이 자주 있나는 것은 굳이 예들 들어 입증할 필요조차 없는 명백한 사실이다. 왜냐하면 도덕적이거나 인간미가 풍부한 사람은 물론, 무도한 악당이나 사회의 법률을 극렬하게 위반하는 사람도 이러한 감정을 가지고 있기 때문이다. 우리는 타인이 느끼는 것을 직접적으로 경험하지는 못한다. 따라서 타인이 어떻게 느끼는지 알 수는 없다. 단지 우리 자신이 동일한 상황에 처한다면 무엇을 느낄지 추측해 볼 수는 있다. 내 형제가 고문을 받고 있다고 해도 나 자신이 안락한 상황에 있는 한, 나의 감각은 그 형제가 겪고 있는 고통을 결코 전달해주지 않을 것이다. 우리의 감각은 우리 자신을 넘어선 적이 없고, 또 넘어설 수도 없다. 오직 상상력을 통해 우리는 타인이 느끼는 감각에 대해 어떤 관념을 형성할 수 있다. 그러한 상상력조차 우리가 타인의 입장에 처한다면 우리의 느낌이 어떨지

재현할 뿐이다. 우리 상상력이 묘사하는 것은 타인이 감각한 결과물이 아니라 우리 자신이 감각한 결과물일 뿐이다. 상상력을 통해 우리는 우리 자신을 타인의 처지에 놓아보고, 타인과 똑같은 고통을 겪는다고 인식한다. 이를 통해 우리는 타인의 몸으로 들어가며 어느 정도는 타인과 같은 사람이 된다. 이에 따라 우리는 타인의 감각에 대해 어떤 관념을 형성하고, 그 정도가 미약하더라도 타인과 크게 다르지 않다고 느끼게 된다. 어떤 고통을 겪거나 고난에 처하는 일은 매우 큰 슬픔을 불러일으키므로 우리는 그런 상황에 처해 있다고 스스로 인식하거나 상상하는 것만으로도 그 관념이 생생하거나 희미한 정도에 비례하여 타인과 유사한 감정을 느끼게 된다. 우리는 상상을 통해 고통받는 자와 처지를 바꾸어봄으로써 타인이 느끼는 것을 같이 느끼거나 감정이입을 할 수 있다. 이것이 타인의 비참함에 대해 우리가 동료로서 가지는 감정의 원천이 된다는 점은 여러 분명한 관찰을 통해 입증될 수 있다. 동정이나 연민은 타인의 슬픔에 대해 우리가 동료로서 가지는 감정을 나타내는 반면, 공감은 타인이 느끼는 모든 감정에 대해 우리가 동료로서 가지는 감정을 지칭하는 용어다.

(2015학년도 Y대 사회계열)

어떤가. 읽을 만하지 않은가. 두 글은 모두 '나'와 '타자'의 관계, 그리고 사회적 감수성의 중요성을 이야기하고 있다. 우리가 세상을 살아가면서 타자들과 어떻게 관계를 맺어야 할지 이야기하고 있는 것이다. '연민의 상상력', '상상력과 연민', '공감' 등의 키워드가 보인다. B대의 제시문은 파커 J. 파머의 《비통한 자들을 위한 정치학》에서, Y대 제시문은 애덤 스미스의 《도덕감정론》에서 발췌했다.

특히 Y대 제시문에서 굵게 표시한 부분을 중심으로 보면, 우리가 타인의 고통을 온전히 알 수 없다는 것을 알 수 있다. 다만 상상력을 통해서 추측할 뿐이다. 무조건 '우리는 하나'라는 식으로 자신이 남을 다 알 수 있고 완전한 하나로 통합될 수 있다고 믿는 것 자체가 오히려 타인을 억압할 수 있다는 뜻으로 읽힌다. 타인에게 다가갈 때 내가 타인을 백 퍼센트 다 알 수 없다는 겸허함을 가져야 한다는 뜻이기도 하다.

2016년 5월, 지하철 구의역에서 작업하던 청년이 사망했다. 그때 한 시인이 구의역 스크린 도어에 시자보를 붙였다. 그 시에는 이 문장이 반복되었다. "나는 절대 이렇게 말할 수 없으리." 시인 자신은 그 청년의 고통을 어떤 식으로든 정확하게 알 수 없다고 말한다. 자신의 한계를 통감하고 말할 수 없으므로 자책하면서 시를 쓸 수밖에 없었던 것이다.

다만 그 시인은 사람들에게 같이 아파하자고 청유한다. 아픔의 연대가 청년의 죽음을 헛되게 하지 않고 세상을 바꾸는 힘이 된다고 믿는 것이다.

"내 감기가 타인의 중병보다 더 아프다"란 말이 있다. 너무 가혹한 표현이다. 하지만 사실이기도 하다. 여기서 타인이란 내 안중에 없는 사람을 뜻하니까. 그렇다고 그걸 당연시해도 된다는 말은 아니다. 타인의 중병보다 내 감기를 더 아프게 생각하는 나 자신을 성찰해야 한다는 의미다. 그것이 감응력이다. 감응력은 윤리적인 능력이 되기도 한다. 윤리란 '이러저러해야 한다'라는 당위를 늘어놓는 게 아니라, 타인의 고통에 감응해야 한다는 것을 뜻한다.

논술을 입시에만 한정시키지 않고 진정한 글쓰기로 발전시킨다면, 아이들이 논술을 통해 훌륭하게 성장할 수 있는 이유가 여기에 있다.

Chapter 4

글 쓰는 일상

글에 긴장감을 넣어볼까

컴퓨터로 글을 쓸 때는 자세한 구상을 할 필요가 없지만, 종이에 글을 쓰는 입시논술을 할 때, 혹은 글쓰기 대회에 나갔을 때는 세심한 구상이 필요해. 일정한 시간 안에 일정한 분량의 글을 완성해야 하고 수정이나 편집이 컴퓨터처럼 자유롭지 않기 때문이지.

흔히 글을 쓸 때 '서론, 본론, 결론' 형식으로 구상하는데, 이 형식대로 쓰면 아주 논리적이고 분명해 보이기도 해. 하지만 너무 자족적이고 단순한 글이 되기도 하지. 게다가 서론에서 문제를 제기한 것에 대해 평범한 근거만 들다 보면, 서론과 결론이 너무 똑같아서 중언부언한다는 느낌을 줄 수도 있어.

글을 쓰다 보면 자기 생각이 정말 옳을까에 대해 의심하게 돼. 자기 생각에 대한 반론이 생기는 거지. 그 반론을 억지로 억누른다고 해서 그것을 읽는 이도 반론을 안 하게 될까. 오히려 단순함으로 반론의 여지를 주기도 하는 거야. 그래서 '서-본-결'보다 '기-승-전-결'이 좋아. 자기 의견에 대한 반대 측면을 생각해보는 거야. 그게 '전'이지. 물론, 논술문에서는 일관성과 통일성이 중요하기 때문에 '결'에서 중심 의견을 잘 살려야 한단다.

◆ ◆ ◆

일반적으로 논술문을 쓸 때 그 구성은 '서-본-결'이라고 생각한다. 맞는 말이기도 하다. 그런데 매우 잘 쓴 논술문을 보면 대체로 '서-본-결' 속에 미묘하게 '기-승-전-결'이 들어가 있다.

'기-승'은 '서-본'과 유사하다. 하지만 '전'은 '기-승'을 반성하는 단계다. '기-승'에서 달려온 자신의 생각을 되짚어보고 '전'에서 숨 고르기를 하게 된다. '전'에서는 혹시 자기 생각에 무리가 있거나 가식은 없는지 겸허하게 성찰하게 된다. '진짜'를 찾는 과정이다. 진짜는 쉽게 보이지 않는다. 자기가 쓴 것을 의심해보는 데서 진짜를 찾을 수 있다.

'기-승-전-결'은 단지 형식이 아니라 사유의 과정이기도 하다. 글쓰기 또한 자기 자신과의 대화다. '승'에서 '전'으로 이어가면서 좀 더 풍성하고 다양한 대화를 만든다.

'전'이 있으면 글이 재미있어지기도 한다. 글의 긴장감이 생긴다. '승-전'이 '정正-반反'이 되어 일종의 변증법적 효과를 얻을 수 있고 그렇게 되면 '결'에서도 여운을 줄 수 있다. '전'에서 '기-승'을 전환했기 때문에 명명백백한 단 하나의 '결'로 귀결되는 것이 아니라, 잔상을 남기는 아름다운 마무리가 되는 것이다.

학술논문을 쓸 때조차 결론에서는 자기 연구의 미흡한 점이나 한계점을 말한다. 논문이 그러한데 다른 글쓰기는 말할 것도 없다.

시에서도 기승전결의 구조를 보일 때가 있다. 한용운의 〈님의 침묵〉이 대표적이다.

❶ 님은 갔습니다. 아아, 사랑하는 나의 님은 갔습니다.

❷ 푸른 산빛을 깨치고 단풍나무 숲을 향하여 난 작은 길을 걸어서 차마 떨치고 갔습니다.

❸ 황금의 꽃같이 굳고 빛나던 옛 맹세는 차디찬 티끌이 되어서 한숨의 미풍에 날아갔습니다.

❹ 날카로운 첫 키스의 추억은 나의 운명의 지침을 돌려놓고 뒷걸음쳐서 사라졌습니다.

❺ 나는 향기로운 님의 말소리에 귀먹고 꽃다운 님의 얼굴에 눈멀었습니다.

❻ 사랑도 사람의 일이라 만날 때에 미리 떠날 것을 염려하고 경계하지 아니한 것은 아니지만, 이별은 뜻밖의 일이 되고 놀란 가슴은 새로운 슬픔에 터집니다.

❼ 그러나 이별을 쓸데없는 눈물의 원천으로 만들고 마는 것은 스스로 사랑을 깨치는 것인 줄 아는 까닭에 걷잡을 수 없는 슬픔의 힘을 옮겨서 새 희망의 정수박이에 들어부었습니다.

❽ 우리는 만날 때에 떠날 것을 염려하는 것과 같이 떠날 때에 다시 만날 것을 믿습니다.

❾ 아아, 님은 갔지마는 나는 님을 보내지 아니하였습니다.

❿ 제 곡조를 못 이기는 사랑의 노래는 님의 침묵을 휩싸고 돕니다.

모두 10행으로 된 이 시에서 어디까지가 '승'일까? 6행까지다. 7행과 8행은 '전'이다. 6행까지는 사랑하는 사람과의 이별에 대해서 고통스럽게 슬퍼하기만 했지만, 7행에서는 화자가 자신과 자신의 슬픔을 되돌아보고 새로운 깨달음에 이른다. 그렇기 때문에 9행에서 '님은 갔지마는 나는 님을 보내지 아니하였습니다'와 같은 역설적 아포리즘이 나올 수 있다.

역설이란 언뜻 보면 말이 안 되는 것 같지만, 그 속에 '진리'가 숨겨져 있는 것을 말한다. 그리고 아포리즘이란 '진리'를 간결하고 압축된 형식으로 나타낸 문장을 말한다. 7행, 8행의 '전'을 거치면서 9행 '님은 갔지만 나는 님을 보내지 않았다'는 말을 이해할 수 있게 되는 것이다. 10행의 '제 곡조를 못 이기는 사랑의 노래는 님의 침묵을 휩싸고 돕니다'에서 여운이 느껴지는 것도 '전'이 만든 '결'의 효과다.

기승전결의 구조를 가진 산문을 쓰려면, 구상을 충분히 해줘야 한다. 가령 100분 동안 원고지 1,500자 정도의 글을 써야 한다면 적어도 20분 이상은 구상에 할애해야 한다. 구상을 충분히 하지 않아서 좋은 글을 못 썼다는 생각이 들기도 한다. 하지만 그건 어쩔 수 없는 일이다. 후회 없는 완벽한 글을 쓸 수는 없다. 다만, 글을 쓰는 동안 몰입하면서 글 쓰는 과정을 즐기면 된다. '즐긴다'는 말이 이상하게 들릴지 모르지만, '몰입'은 쾌감이 느껴지는 정신 상태다. 몰입했을 때는 시간이 가는 줄도 모르게 된다. 자신과 자신을 둘러싼 주변의 세계가 마치 하나가 된 듯한 느낌을 주는데, 그것을 플로우Flow 상태라고 한다.

플로우 상태에 가장 진입이 잘되는 시간이 있다. 잠들기 전의 시간이다. 잠의 세계에 진입할 때 창의성을 끌어내는 뇌파인 알파파가 최고로 많이 나온다. 그러니 잠자리에서 스마트폰을 만지는 건 아주 손해인 일이다. 많은 작가가 잠자리에 메모지와 필기구를 놓아두는 것도 이 때문이다. 기승전결의 글을 쓰는데, '전'으로 어떻게 넘어갈까를 고민한다면, 잠자리의 알파파를 이용해봐도 좋을 것이다.

그렇다고 아이의 침대 옆에 메모지와 필기구를 올려놓지는 말 것. 글쓰기는 모름지기 자발적이어야 하므로.

개인상징으로 글을 써볼까

백일장에서는 흔히 제목이 주어지잖아. 굳이 백일장이 아니라도, 특정 제목이 주어지는 글쓰기도 괜찮다고 생각해. 제목이 주어진다고 해서 천편일률적인 글쓰기를 강요하는 건 아니거든. 오히려 단 하나의 제목이 주어졌기 때문에 고유한 글쓰기를 장려한다고 볼 수도 있는 거지.

이때 필요한 것이 개인상징이란다. 가령, '비둘기'라는 제목이 주어졌다고 하자. 그래, 맞아. '평화'가 떠오르지? 비둘기라는 제목으로 주제가 평화인 글을 쓰면 좋을까? 글쎄, 평화의 개념을 섬세하게 잡지 않는다면 그 글이 흥미롭기는 어려울 거야.

'비둘기가 요즘 도시의 공원에서 골칫거리다'라는 내용으로 쓰면 어떨까? 그것도 별로지? 일단, 이런 '불평'이 참신하지도 않고 비둘기를 도시의 골칫거리로 보는 것도 인간 중심적인 관점이잖아. 사람의 생활에 불편함을 준다고 비둘기라는 생명 자체를 말썽거리로 치부한다는 건 생태적 관점에서도 성숙하지 못한 거지.
개인상징이란 자기만의 상징을 의미해. 나의 경험으로 만들어진 상징 말이야.
그래서 백일장에 낯선 제목이 나오는 것도 행운이란다. 한 번도 생각해보지 못한 것을 성찰할 기회가 되잖아. 타자에 대한 관심이 생기는 거지. 자기 삶의 범주 밖에 있던 것이 안으로 들어오게 된단다.

◆ ◆ ◆

얼마 전 내 아이는 백일장에서 '새벽'이라는 제목으로 글을 쓰게 됐다. 아이는 먼저 새벽의 전체적 이미지를 떠올렸다. 여명의 푸른빛을.

한 이미지에 휩싸이면 자신의 체험이 떠오른다. 아이는 새벽에 문득 잠에서 깼을 때가 떠올랐다. 그 시각, 사람은 묘한 감정에 휩싸이며 이런저런 생각을 하게 된다. 그런데 그 생각이란 게, 평소에 하던 생각과는 다르다. 좀 더 성글고 서늘하다. 마치 새벽의 공기처럼, 그렇게 낯선 자기 자신을 만난다. '낯선 나'를 만난다는 건 '나'를 확장하는 일이다. 그건 곧 다른 사람을 이해하게 된다는 의미이기도 하다.

이런 과정에서 개인상징이 만들어진다. '새벽'이 단순히 아침이 오기 전, 부지런한 사람이 일어나는 시각이 아니라 다른 세계로 이끄는, 낯선 나를 만나는 시간이라는 상징적 의미를 갖게 되는 것이다.

산다는 건, 개인상징을 만들어가는 과정이기도 하다. 개인상징이 많은 사람은 그만큼 자신의 삶을 풍부하게 의미화한 사람이다. 그저 하루하루를 내보내는 것이 아니라, 시간을 의미화해가는 과정을 통해 그 사람의 삶은 풍요로워진다. 그리고 풍요로운 삶은 '자아'가 되기도 한다.

개인상징은 관심이 온통 자기 자신에게만 쏠려 있을 때 생기는 게 아니라 오히려 다른 사람, 다른 대상, 자기 바깥의 세계에 관심을 가질 때 생긴다. '나' 자신에게도 관심을 가져야겠지만 그보다는 '나' 이외의 것들에 관심을 가질 때, 글과 삶이 더 풍요로워진다. '나' 바깥의 것들을 통해서 '나'를 잘 알게 되는 것이다.

글과 삶은 서로 분리된 것이 아니다. 글을 잘 쓴다는 건 삶을 잘 산다는 의미다. 글만 잘 쓰고 삶은 엉망인 사람도 있지 않으냐고 반문할 수 있겠다. 물론 그런 사람도 있다. 사실, 표현 기술만으로 어느 정도 잘 쓴 글같이 보이는 글을 쓸 수도 있다. 하지만 그런 글이 정말로 좋은 글일까.

게다가 우리는 다른 사람의 '삶의 진실'을 정확히 알 수 없다. 삶이 엉망인 것처럼 보이는 사람도 우리가 모르는 무언가가 있을 수 있고 글로 인해 그 사람의 삶이 더 망가지지 않았을 수도 있다.

가령, 카프카는 생전에 우울하고 신경질적인 성격으로 유명했다. 다른 사람들에게 좋은 인상을 주지 못했을 뿐만 아니라, 작품들은 제대로 발표되지도 못했다. 출간됐다 하더라도 대중에게 외면을 받아, 죽을 때 자신의 친구에게 자기 글을 모두 불태워달라고 부탁할 정도였다. 하지만 현재 그의 소설 《성》, 《심판》, 《변신》 등은 뛰어난 작품으로 평가되고 있다. 그는 삶의 또 다른 이면 그 진실을, 작품을 통해 보여주고 있는 것이다. 아마 카프카가 글을 쓰지 않았다면, 훨씬 더 불행하고 힘든 삶을 살았거나 그 에너지로 자학했을지도 모른다.

내 아이는 '새벽'을 제목으로 글을 쓰면서 그때 우연히 보게 된 내 얼굴을 떠올렸다고 한다.

"그래, 엄마 얼굴을 보니 어땠어?"라고 물었다.

"못생겼다고 생각했어."

기분이 썩 좋지는 않았지만 여기서 화를 내면 대화는 끊기고 만다. '못생겼다'고 말한 것에 대해서 어떤 감정적 동요도 없는 듯 차분하게 물어야 한다.

"왜 못생겼을까? 물론 평소에도 예쁘다고는 할 수 없겠지만, 왜 잘 때 더욱 못생겨 보였을까?"

"엄마가 너무 피곤해 보였어요. 얼굴도 찡그리고 있는 것 같고."

"그래서 그렇게 썼어?"

"응. 엄마는 못생겼지만, 그건 엄마가 너무 피로하고 고생을 해서라고."

살짝 울컥했다. 아이는 자기 마음을 두 번 들여다본 것이다. 한 번은 엄마가 못생겼다고 느낀 마음을, 또 한 번은 왜 엄마가 못생겼을까 하고 이유를 짚어본 것. 그러면서 아이는 부모의 삶에 대해 생각해보게 되었던 거다. 자신이 아닌 남의 인생을 생각해본다는 건 그만큼 성숙해지고 있다는 의미다.

백일장 대회에 나가는 건 상을 타기 위해서가 아니다. 오롯이 글에 집중하면서 글을 쓰는 기회를 얻기 위해서다. 아이들은 일정 시간 동안 글쓰기에만 주의를 기울일 여유가 별로 없다. 백일장은 그 드문 기회를 누리게 해준다. 게다가 상을 타면 또 다른 성취감이 생기고 상을 타지 못한다 하더라도 서운한 마음을 처리할 수 있는 방어기제가 발달할 수 있다. 이 성숙한 방어기제는 대회 수상이라는 보상보다 더 큰 소득이 된다.

어떻게 토론으로써 성장할 수 있을까

그래, 토론을 잘하는 사람이 멋있어 보이기도 한단다. 토론을 잘한다는 건 말로써 상대를 제압한다는 뜻이 아니야. 오히려 부드러운 카리스마로 상대를 수용하면서 상대를 넘어서는 것을 말하지.

어떤 토론이 가장 재미있을까. 좋은 상대를 만나서 그 상대로 인해 자신의 생각을 가다듬거나, 자기 생각의 오류를 바로잡을 수 있는 토론이 가장 재미있어. 그럴 땐 단지 이긴 것만으로 기쁜 게 아니고, 지더라도 배운 것이 있어서 후회스럽지 않은 토론이 되는 거지. 자기 생각에 몰입하여 그 생각을 진실하고 적확하게 표현하는 글쓰기가 재미있듯이, 상대의 말을 들으며 자기 생각을 거듭 정교화하는 토론이 흥미진진하단다.

토론 능력을 기르려면 물론 토론을 많이 해봐야겠지? 토론은 남의 이야기를 듣는 거니까, 책을 통해 남의 생각을 읽는 것도 도움이 될 거야.

◆ ◆ ◆

토론 능력은 일상생활에서 많이 길러진다. 만약 아이가 부모를 속상하게 하는 말을 했다면, 그것이 바로 대화와 토론의 방법에 대해 가르칠 기회가 될 수 있다.

언젠가 내가 인터넷에서 어떤 아리따운 배우의 사진을 보면서 혼잣말을 했다.

"이 여배우도 다리가 짧구나. 나만큼 짧아."

내 말을 들은 아이가 반응했다.

"정말 그러네. 상하가 딱 1/2씩이야."

그리고 덧붙여 안 해도 될 말을 했다.

"근데, 엄마는 훨씬 더 짧아."

내가 언제 다리 길다고 했나? 짧다고 했다. 나도 안다. 그런데 굳이 그런 말을……. 나는 내 다리가 짧다고 말해서 기분 상한 게 아니었다. 아이가 그 순간 엄마를 놀리고 싶은 마음에 그랬다는 것도 안다.

내가 속상했던 것은 아이가 감정이입 능력이 떨어지지 않는가, 하는 마음 때문이었다. 감정이입을 못한다는 건 상상력이 좀 약하다는 뜻이기도 하다. 만약 내 아이가 다른 사람에게 기분 상하게 하는 말을 한다면 그건 더 큰 걱정이다. 설마 그러겠느냐마는, 어떤 사람과 많이 친근해지고 더 가까워지면 혹 그럴 수도 있지 않은가. 친하다는 이유로 오히려 상대의 마음을 생각하지 않을 수도 있다.

나는 내 다리가 짧음을 인정하면서 덧붙여 말했다.

"가까운 사람일수록 허투루 대하면 자기 자신이 행복하지 못하게 돼. 늘 같이 있는 사람, 사랑하는 사람의 마음을 헤아리지 않고 엄벙덤벙 말을 하면 그 상대의 마음이 상하고, 그럼 너도 행복할 수가 없게 되잖니. 자신이 행복하고 충분한 기쁨을 누리려면, 한 공간에 같이 있는 사랑하는 사람을 더 많이 배려하고 그 사람 마음에 감정이입을 잘해야 한단다. 혼자만의 기쁨이란 건 없는 거니까."

토론도 마찬가지다. 기본 배경은 감정이입이다. 괜히 상대를 비논리적으로 공격하고, 근거도 없이 폄하하고, 비판하면서 목소리만 크게 한다면 결코 좋은 토론이 되지 못한다. 좋은 토론은 토론에 참여한 모든 사람이 만들어가는 것이다. 좋은 토론을 하고 나면 모든 참여자가 성장한다. 각자가 무언가를 깨닫거나 새롭게 인식하게 되고, 토론의 승자든 패자든 마음이 기껍게 되는 거다.

토론에서 '말하기'보다 더 중요한 건 '듣기'다. 상대가 무슨 말을 하는지 경청해야 탁월한 리액션을 할 수 있다. 연기와 마찬가지다. 연기에서도 액션보다 더 빛나는 게 리액션이지 않은가. 말의 허점을 찾아서 비판하라는 얘기가 아니다. 오히려 받아들일 건 받아들이고 그것을 디딤돌로 삼아 자신의 의견을 더 타당하게 내세워야 한다.

그러니까 토론은, 자신의 의견 자체가 더 굳어지는 것이 아니라 자신의 의견이 더 발전하는 과정이다. 토론을 정말 잘하고 나면 자신이 토론에서 이겼다는 생각이 들지 않고 자신이 토론을 통해 성장했다는 생각이 든다. 그래서 토론의 상대도 중요한 거다. 싸워 이길 수 있는 상대보다는 그 의견을 존중할 수 있는 상대가 필요하다.

정치계나 경제계, 이해관계나 이권 다툼이 있는 상황에서의 토론은 다를 것이다. 이때는 자신의 의견을 관철해야만 하기 때문이다. 하지만 이런 경우에도 토론을 통해 자신의 의견을 더 정교하게 만들어서 다른 사람을 더 강하게 설득시키는 게, 목적을 이루는 방법이다.

고등학교 교사 시절, 나는 연극과 토론 동아리를 지도했었다. 연극을 토론식으로 하는 동아리였다. 아이들은 주어진 대본을 연기하는 것이 아니라, 관객에게 이야기하고 싶은 주제를 토론하여 스스로 대본을 쓰고 극을 만들었다. 연극을 토론식으로 하면 그저 학생 입장에서 토론하는 데 그치지 않고 그 문제에 직접 관여된 사람으로서 토론하게 된다. 예컨대 모의법정이나 텔레비전 시사토론 프로그램 콘셉트로 '연극토론'을 하면, 자신을 좀 더 전문적인 사람으로 여기게 된다. 그럼 더 진지하고 책임감 있게 토론에 임하는 것이다.

그 동아리 학생 중 전국고교토론대회 일등이 나왔다. 수상 덕분에 그 아이는 Y대 사회과학대학에 입학했다. 그 아이는 토론을 할 때 다른 학생들의 이야기를 신중하게 듣는 멋진 아이였다. 말을 많이 하지도 않았다. 꼭 필요할 때, 간결하면서도 정곡을 찌르는 말을 했다. 자기 이야기를 과장되게 힘주어 강조하지 않았고, 상대의 의견을 존중하는 태도를 가지고 있었다. 그러다가 결정적인 순간에 상대의 의견을 아우르면서도 자기의 의견을 피력하여 상대가 그 의견에 승복할 수밖에 없게 만드는 능력을 갖춘 아이였다. 상대를 무조건 반박하는 것이 아니라, 오히려 상대 의견에 일정 부분 공감하면서 그 의견의 빈틈을 지적하고 틈을 메우는 방식이었다.

그 아이는 평소에도 감정이입을 잘하는 아이였다. 아주 논리적이기도 했지만, 그보다는 감성적이었다. 토론에서는 논리적 능력만 중요한 게 아니다. 만약 논리적 능력만 있다면 오히려 좋은 토론을 하지 못한다. 논리에 맞지 않는 것은 무조건 배격하게 되니까. 하지만 인간사가 어떻게 논리적이기만 하겠는가. 논리를 비껴가거나 초논리적이지만, 소중하고 가치 있는 것이 더 많이 있지 않은가. 그 아이는 그런 논리의 틈을 느낄 줄 알았던 거다. 그래서 다른 사람의 감정에도 잘 공감하고, 그 공감을 자기만의 능력으로 만들수 있었다.

토론을 잘하는 사람이란, 논리로 상대를 제압하고 그것에 성취감을 느끼는 사람이 아니라, 상대에게 공감할 줄 알고 상대의 의견을 아우르면서 더 높은 가치의 담론을 만들어갈 수 있는 사람이다. 이런 사람은 일상에서도 멋있고 존경을 받을 수밖에 없다.

물론 아이를 이런 사람으로 교육하기 전에 부모 자신이 먼저 그런 태도를 보여야 한다. 쉽지 않은 일이다. 나 또한 매우 엄숙하게 나의 다리 짧음을 인정하면서 이야기를 이어나간 것 같지만, 그건 문어체이기 때문에 그렇게 보일 뿐이다. 화도 내고 섭섭함도 표명했다. 그런 감정 표현은 필연적이며 때로는 필요하기도 하다. 감정 표현을 하는 부모가 인간적이다. 아이는 부모가 완벽하지 않을 때 자신의 불완전함도 수용할 수 있다.

· 에필로그 ·

고민하는 부모, 응답하는 아이

영화를 보면 처음부터 어떤 정서가 깔리는 경우가 있다. 그것이 '슬픔'일 경우에 그 영화는 더 깊이 느껴지고, 더욱 오래 기억된다.

〈늑대아이〉가 그랬다. 이 영화는 처음부터 슬펐다. 처음부터 청승맞게 눈물을 머금고 보게 되었다. 한 어린 여자가 있다. 의지할 데 없지만 씩씩하게 살아가는 여자다. 그 여자는 한 남자와 사랑에 빠진다. 그런데 그는 늑대인간이다. 인간과 늑대인간의 사랑이다. 인간과 늑대인간은 둘 다 외롭고 착하기만 하다. 지금까지의 삶도 충분히 힘들었는데, 앞으로의 삶은 힘든 것 이상일 것이다. 하지만 둘은 사랑한다. 그러니 슬프지 않을 수 없다. 그들이 사랑하면 할수록 더 아름다울 것이고, 그만큼 관객은 더 슬퍼진다.

둘 사이에 아기가 태어난다. 여자아이와 남자아이 하나씩이다. 이제 네 식구가 잘 살아갈 것 같지만, 이 세상은 어리고 착한 부부가 살아가기에 녹록지 않다. 아빠는 식구들을 위해 꿩 사냥을 나갔다가 늑대의 몸으로 죽는다.

이제 셋은 어떻게 살아갈까. 그 어린 엄마는 사랑하는 남자 사이에서 태어난 아이를 어떻게 키울까. 그녀는 남편이 얼마나 그리울까. 얼마나 안타까울까. 영화를 보는 내내 그런 생각을 했다.

〈늑대아이〉는 애니메이션이다. 그런데 애니메이션의 장면, 장면이 손끝에서 그려진 그림이 아니라 마음에서 삐져나온 그림 같다. 황당하게도 어쩐지 나 자신이 이미 느껴본 일처럼 여겨진다. 그 어린 여자의 삶을 말이다.

분명 느낀 적이 있다. 사랑하는 사람을 마음껏 사랑해주지 못하고 미안했던 적이 어찌 없을까. 그러나 돌이키지 못했던 적도 있었더랬다. 아이를 키우면서는 내 아이를 제대로 키우고 있는 건지 늘 불안했고 기쁨과 미안함이 공존했다.

다만, 영화 속 아이와 내 아이는 확연히 달랐다. 영화 속 아이는 아무리 사고를 쳐도 그 모든 것이 이해가 되고 용납할 수 있었다. 그런데 내 아이의 사고는 정말 뜬금없고 부조리했다. 아무리 해석하려고 해도 타당하지가 않았다. 확실히 영화는 개연성蓋然性 있는 장르다. 개연성 있는 이야기, 개연성 있는 캐릭터, 개연성 있는 사건. 그러나 현실은 개연성이 없다. 개연성 없는 캐릭터에, 개연성 없는 사건, 사고만 일어난다.

이 책을 쓰면서 나는 지금껏 겪지 못한 어려움에 봉착했다. 끊임없는 자아분열의 연속이었다. 과장도 미화도 없이 매우 현실적으로, 있는 그대로 '나' 자신을 드러냈지만, 그런데도 '진짜 현실'은 또 달랐다. 간혹 아이를 대하는 방식이 집필 중인 원고와 달랐고, 원고를 쓰면서 그러하리라고 생각했던 아이가 전혀 다른 모습으로 내 앞에 버티고 있기도 했다.

그 격차가 힘겨웠다. 괴로움이 심할 때는 내가 왜 이런 짓을 시작했지, 라는 회의감에 시달렸다. 이것이 진실이란 말인가, 분명 원고를 쓸 때는 진실이었는데…… 조금만 상황이 바뀌어도 진실의 빛은 사그라지고 있었다. 만약 그저 폐기될 진실이라고 확신했다면, 나는 원고 자체를 폐기했을 것이다. 그러나 원고는 또 다른 상황에서 더 강렬한 진실이 되기도 했다.

탈고는 회의와 집념과 고통 모두를 거둬가지 않았다. 지금도 나는 이 책이 최선의 진실일까를 반문한다. 그리고 또 깨닫는다. 그 반문조차도 '엄마'라는 존재가 가질 수밖에 없는 것이라고.

엄마는 결코 완벽해질 수 없지만, 완벽을 지향하는 존재이고, 결국 완벽해지지 못한 채 아이를 떠나보내야 하는 존재이며, 아쉬움과 미안함을 갖고 살아갈 수밖에 없는 존재라는 것. 그래서 엄마의 역할을 부여받은 여자는 그런 역할 없이 살아간 사람과 전혀 다른 인생을 겪게 된다는 것.

그런데 이런 엄마의 고민에 아이는 또 자신만의 언어로 응답한다. 전혀 응답한다는 의식 없이 엄마를 무장해제시킨다. 그건 사랑이다. 어떻게 이럴 수 있을까 싶을 정도로 아이는 이상한 행위언어를 사랑스럽게 발사한다. 가끔은 지적이고 현학적인 용어로 부모의 말문을 막기도 한다.

호되게 야단을 맞고도 의기소침해 하지 않고 가볍게 거실을 거니는 아이를 보고 말했다.

"엄마는 네가 성격이 좋아서 너무 좋아."

"엄마, 이건 내 페르소나Persona라구요. 엄마를 위해 그림자를 숨기는 거예요."

그러면서 녀석이 무심하게 내 앞을 휙 지나간다. 나는 내 아이의 그림자를, 물론 봤다. 하지만 그게 전부가 아니었을 거다. 아이가 말한 페르소나란 엄마의 고민에 대한 자기식의 응답이었던 것이다. 저 커다랗고 아름다운 뒤태를 포함해서 말이다.